電気自動車の制御システム
電池・モータ・エコ技術

廣田幸嗣・足立修一 編著
出口欣高・小笠原悟司 著

Model-Based Control Systems Design for Electric Vehicles

東京電機大学出版局

本書に登場する製品名やシステム名などは，一般に各開発会社の商標または登録商標です．本文中では基本的に ® や ™ などは省略しました．

まえがき

　二次電池の急速な進歩や回路実装の小型化・高密度化により，長い間固定設備であった電話やコンピュータが持ち運び可能な携帯電話やノートパソコンに進化し，それらの出現によって生活と仕事のスタイルが一変した．二次電池の高エネルギー化はその後も続いており，それを使った電気自動車や家庭用ロボットなどのモービル製品（移動体製品）が，生活の場で身近になろうとしている．携帯電話やノートパソコンがそうであったように，これらのモービル製品は生活シーンとビジネスシーンを大きく変えるものと期待されている．

　内燃機関と比較すると，電動モータは工業製品の二つの属性である構造（レイアウト）と機能（制御）の設計自由度が高い．この自由度を生かした使い方には二つの方向がある．

　一つは，自由な組み合わせ方を容易に実現できることから，全体の系を相互干渉の少ない複数のモジュールに分割し，その間のデザインルールを決め，各モジュールを水平分業で開発・製造することで，モービル製品を低コストに大量生産する方向である．自動車で言えば，ガソリンエンジンの時代には，振動や重量バランス，機械的な動力伝達機構などから，他社のエンジンを利用することに制約が大きかった．これに対して，モータや電池のパワー伝達は電線による，つまりPower-by-Wireであるため，給排気系統などの補機が不要で，小型であり，発熱や振動も少なく，組み合わせの自由度が高い．パソコン産業がキーボード，ディスプレイ，CPU基板などを世界中から最適調達して組み立てるのと同様に，いつかは自動車産業にも水平分業の時代が来るだろう．

　もう一つの方向は，レイアウトと制御の自由度を最大限に生かした新しい製品を創造することである．たとえばロボットと自動車の融合製品などである．このような製品を創造し開発するには，要素部品の単なる組み合わせではなく，多くの専門

技術者が知恵を出し合って，妥協のない高いレベルの摺り合わせをすることが必要になる．

また，システム全体を見ることができる人材も不可欠になる．モービル製品の特徴は，オールインワンで自己完結（Self-contained）するスタンドアローンのシステムであることである．小さな空間に多くの専門技術を集積した一つの閉じたシステムが，屋内屋外を広く移動する．このため，多くの要素部品，要素技術間の負の相互干渉が大きく，摺り合わせの課題が高度で複雑になる．最近は専門技術が分化し高度化しているために，システム全体を俯瞰することがますます困難になっている．

これに対処するには，システムの各要素を抽象化すること，つまりモデリングして相互のコミュニケーションを正確かつ円滑にすることが必要である．優れたモデルがあれば，門外の技術分野についても「木を見ずして森を見る」ように可視化することが可能になり，開発チーム全員がシステム全体を見通して開発できることになる．

本書は，モービル製品の代表である電気自動車の，モデリングを軸にした制御システム設計論に関するもので，第1章1.7節で構成を解説している．第1章では，モービル製品にまで波及してきたパワーエレクトロニクスと電気自動車のシステム設計の概要について，第2章では制御系のモデリング全般について触れる．第3章と第4章では，それぞれ2輪と4輪の電気自動車の走行制御システム設計について述べる．電気自動車の主要コンポーネントである電池とモータについては，第5章と第6章で詳しく解説する．パワーデバイスも主要部品であるが，本書では割愛した．これは，熱・回路連成解析用のモデルなどが半導体メーカから提供され，設計開発の現場ですでに活用されているため，また，回路シミュレーションに関する実践的な解説書が多く出版されているためである．

本書が将来の新製品創造への一助になることを願う．広い技術分野を一冊にまとめることに力量と時間の不足を感じたことも事実であり，読者諸兄よりいろいろなご提言やご叱正を賜れば幸いである．

本書をまとめるにあたり多くの方々のお世話になったことを，この場を借りて感謝したい．第3章の2輪倒立振子ロボットの実験でご協力をいただいた河原井暎子さん（慶應義塾大学足立研究室）に感謝する．

2009年5月

廣田幸嗣・足立修一

目次

第1章　モービルパワーエレクトロニクスと電気自動車　1

1.1　広がるパワーエレクトロニクスの応用分野 1
1.2　モービル製品の設計論 2
1.3　パワーコントローラの実装技術 7
1.4　熱的調和の技術 9
1.5　電磁的調和の技術 13
1.6　複合工学としてのモービルパワーエレクトロニクス 20
1.7　電気自動車のシステム設計――本書の構成―― 21

第2章　走行制御システムの設計　26

2.1　システム設計の手順 26
2.2　モデルベース開発 30
2.3　制御のためのモデリングのポイント 33
2.4　システム同定法 37
2.5　基幹部品のモデリングの例 40
2.6　移動体のモデリング 47

第3章　フィードバック制御系の基本的な設計手順　52

3.1　制御系の設計手順 53
3.2　簡単な倒立振子の制御系設計 56
3.3　倒立2輪ロボット実験 72

第4章　ハイブリッド車・電気自動車の走行制御　81

4.1　走行システムの電動化 81
4.2　ハイブリッド電気自動車 87
4.3　インホイールモータの電気自動車 100

第5章　電池と電源システム　114

5.1　移動体の電源 114
5.2　燃料電池 116
5.3　金属空気電池 120
5.4　電気化学キャパシタ 123
5.5　二次電池 125
5.6　バッテリーマネジメント 147

第6章　走行用モータとその制御　153

6.1　電動モータの基本特性 153
6.2　交流モータ駆動システムの構成と基本特性 155
6.3　移動体システムに使われるモータ 158
6.4　交流モータの高性能制御 171
6.5　センサレスドライブ 186
6.6　モータの駆動回路 191

索引　203

第1章 モービルパワーエレクトロニクスと電気自動車

1.1 広がるパワーエレクトロニクスの応用分野

　パワーエレクトロニクス技術は，電力設備や産業設備で使われる比較的地味な裏方的存在だったが，半導体デバイスや制御技術の進歩，さらに省エネルギーの社会ニーズの追い風もあって，いまや身近な家電製品にまで応用されるようになった（図1.1）．最近では，電気自動車や2輪のパーソナルトランスポータ，2足歩行ロボットなどの移動体にも応用が広がりつつある（図1.2）．熱機関と比べて電動機はレイアウトと制御の自由度が高い．電気エネルギーは，熱力学や電気化学においてギブズ（Gibbs）の自由エネルギーとして登場するが，製造物の二つの属性である「機能と構造」に自由を与えてくれるエネルギーでもある．電池と電動モータを使った移動システムの主な機能は，化学エネルギー ⇔ 電気エネルギー ⇔ 運動エネルギーの変換と，エネ

写真提供：京浜急行電鉄（株）
フライホイール式
電車線電力蓄勢設備

写真提供：パナソニック（株）
ヒートポンプ乾燥の省エネ洗濯機

写真提供：群馬県企業局
大型風力発電機

図1.1　省エネルギーで広がる固定設備のパワーエレクトロニクス

写真提供：
日産自動車（株）

電気自動車"Pivo2"

写真提供：ボーイング社

燃料電池電動飛行機

写真提供：セールス・オンデマンド（株）

自動掃除機"ルンバ570J"

図1.2　新たな展開を始めた移動装備のパワーエレクトロニクス

ルギーとパワーそしてモーションの制御機能からなる．構造の視点から見ると，電源や冷却を外部に依存しない自己完結システムであること，小型・軽量・頑健の要求が固定設備より遥かに切実であることが特徴である．本章では，製造物として見た移動体パワーエレクトロニクス（本書では，これを**モービルパワーエレクトロニクス**と呼ぶことにする）の特徴と課題について述べる．

1.2　モービル製品の設計論

1.2.1　製品の複雑度

　ものづくりの標準プロセスを図1.3に示す．設計とは，抽象的な要求仕様をモノの実体に転写していくプロセスで，大きくアーキテクチャ設計（概念設計）と詳細設計に分かれる．アーキテクチャ設計とは，製造物の構造や機能の基本的なあらまし（コンセプト）を決めることである．ものづくりの観点からすると，モービルパワーエレクトロニクスは技術集約的な製品であるため，多くの設計要件が複雑に絡んで，アーキテクチャ設計が難しい．

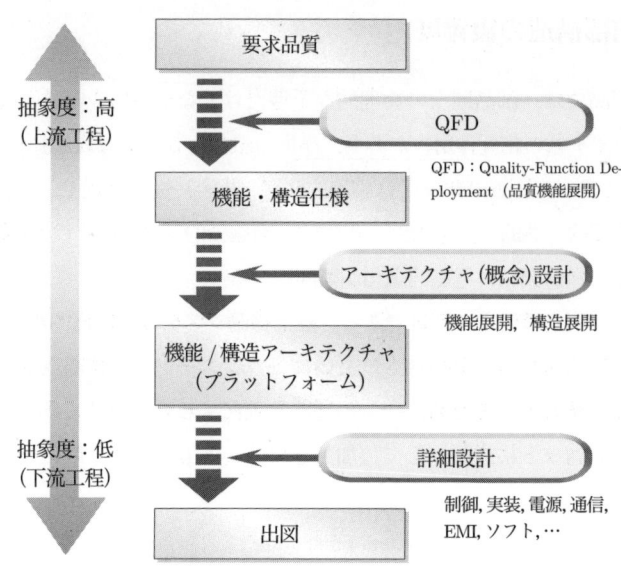

図 1.3　製品設計の一般手順

モービル製品の複雑度（product complexity）について，以下にまとめよう．

- ❏ **内部構造の複雑度**（internal complexity）が高い
  - 電気エネルギー源から放熱装置までオールインワンで装備する必要がある
  - 効率良く安全に移動するためには，小型軽量かつ頑丈な必要がある
  - 高密度実装のため，レイアウトや熱的/電磁気的な干渉などが大きな課題になる
- ❏ **製品外部の複雑度**（external complexity）が高い
  - 機械と人間のインターフェイスが多様で，顧客の要求も好みで分かれる
  - 固定設備と違って，移動することでさまざまな環境条件や運転条件に遭遇する
  - 製品に関する各国の法規，国際規格，認証制度などが複雑に影響してくる

内部構造の複雑度と外部要求の複雑度について，さらに以下に述べる．

1.2.2 内部構造の複雑度

モービル製品では，部品同士の物理的な干渉だけでなく，熱や電磁干渉に至るまで多くの「マイナスの相互作用」があり，compatibilityが大きな課題になる（図1.4を参照）．ここで，compatibilityとは調和的共存（相容）性が原義で，実装部品や交換部品間の空間的，熱的，熱応力的，化学的，電磁気的等々の両立性/互換性のことである．特に，熱的調和，電磁的調和が難問になる．

熱的調和は，固定設備より複雑である．陸上移動システムの最終的な放熱形態は，空冷しかない．水冷ユニットの熱も最終的にはラジエータから強制空冷される．部品を高密度に実装しているため，空気の通路を確保するのに苦労したり，排出したはずの熱風がユニットに逆戻りして再加熱されることもある．直射日光やエンジン

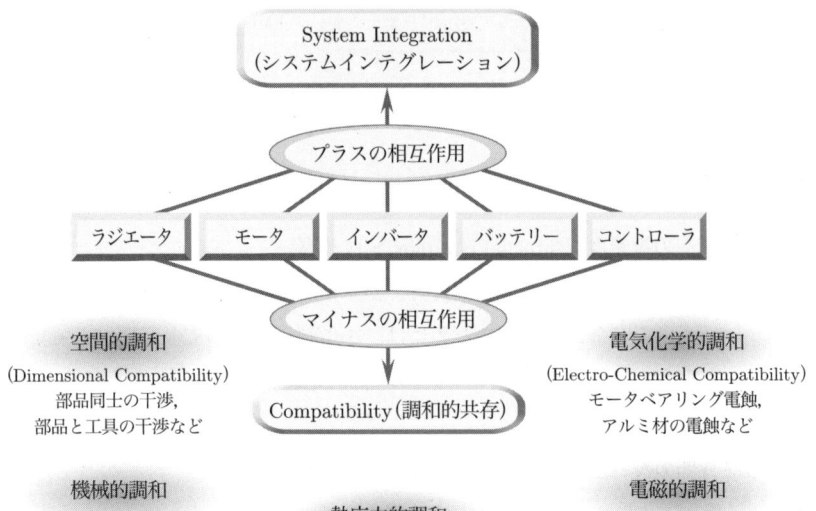

図1.4　Compatibility（調和的共存性，相容性）

などの熱源からの放射熱もあり，レイアウトにあたっては熱的な相互干渉にも配慮する必要がある．

電磁的調和では，電磁障害（EMI：Electro Magnetic Interference）による誤作動は暴走事故につながるおそれがあるため，高度な設計技術が必要になる．固定設備の場合は，金属筐体などで厳重に電磁遮蔽し，部品間を十分に離すことで，電磁干渉や電気絶縁の問題を軽減できる．これに対しモービル製品では，部品同士が近接しているため干渉が強くなるが，寸法や重量の制限から，一般に頑丈なシールドや大型のフィルタが使えない場合が多い．

さらに，異なるcompatibility課題の間での二律背反もある．たとえば電磁ノイズを減らすためにスイッチング波形の立ち上がり/立ち下がりを緩やかにすると，スイッチング損失や制御のデッドタイムが増えて，放熱や制御特性に悪影響を与える．

製品設計のできるだけ早い段階でcompatibilityの課題を検討しておかないと，詳細設計の段階で相互矛盾が頻発して収拾がつかなくなる．

1.2.3　外部要求の複雑度

モービル製品の場合，取り巻く環境が時々刻々と変化する．たとえば自動車では，灼熱の砂漠を走行することもあれば，4000 mを超える高地で氷雪路を走行することもある．標高が高くなると空気が薄くなるため，冷却性能が劣化することも考慮しなければならない．強力な電波の送信所内でも安定に走れること，衝突しても運転手や搭乗者への影響が少なく，火災が起きたり感電したりしないこと等々と，数え切れないほど多くの要求がある．

ロボット掃除機でも，ワックスがけした滑りやすい床から，毛足の長い絨毯までラクラクと走行できること，ゴミを高速に吸引でき，かつたくさん溜められること，ペットの犬などに触られても壊れずに，かつ乳幼児に衝突しても怪我を負わせないことなどが挙げられる．

1.2.4　概念設計の諸課題

前述したように，モービル製品は部品の相互干渉が大きくなるので，水平分業化して部品を組み合わせる**モジュール型アーキテクチャ**でなく，部品同士の綿密な調

整作業（摺り合わせ）が必要なインテグラル型アーキテクチャになる．摺り合わせにはマインドマッピングや特性要因図などの図解表現技法もあるが，ほとんどを設計資料の交換や打ち合わせに頼っているのが実態である．異なる専門技術の担当者が互いに言葉が通じなかったり，発想の違いからバラバラのことを言い始めて，会議が進まない状況もよく見られる．

　開発期間の短縮のため，詳細設計が先行して，全体の摺り合わせが後回しになることもあり，摺り合わせの労は尽きない．一般的に指摘される問題点としては，

- 合意形成や決定までに時間がかかり，知的生産性や時間効率が悪くなる
- 有能なリーダーがいないと，低いレベルでの妥協やごり押し勝ちになりやすい

といったことが挙げられる[1]．

　こうした事態を打開するために最も有効なのは，摺り合わせ工程を減らすことである．すなわち，概念設計で摺り合わせ依存度の少ないアーキテクチャを選択することである．顧客が評価しない（intangibleな）ゾーンを固定部（モジュール）とし，差異化するものだけを変動部（摺り合わせ）とする，裁きの腕が成否の分岐点となる．また，一般にデザインルールが確立すると，変動部に対してもモジュールの組み合わせで相当程度まで対応できるようになる．

　つぎに有効なのは，CAD（Computer-Aided Design）／CAE（Computer-Aided Engineering）による摺り合わせ開発環境の効率化である．連成解析ソフトウェアやノンリニア／ノンパラメトリックな問題を扱う知識ベースCADなどの導入は，確かに有効である．ただし，詳細設計では有効なCAD/CAEも，現状では概念設計の一部のプロセスをカバーするにとどまっている．創造性が要求される概念設計の主体が人であることも忘れてはならない．

　したがって，時間はかかるが最も根本的な対策は，概念設計のスキルを持つ人材の育成である．単に多くの専門技術を身につけてもらうということではなく，全体

---

[1] ここでは，モービル製品の設計という文脈で摺り合わせの重要性を説いたが，大学の研究においても同様なことが成り立つ．大学でも，しばしば異分野の融合によるシナジー効果（synergy effect，相乗効果）の重要性が叫ばれているが，極端に細分化された現在の学問体系は「方言」だらけである．異分野をまとめることができる，摺り合わせ能力がある大学人がいるかどうかが，異分野融合の鍵を握っている．

が見えるキーパーソンを育てることである．キャリアパス計画や人材交流などが不可欠である．

1.3　パワーコントローラの実装技術

　固定設備のパワーエレクトロニクス製品では，組立や保守点検を容易にするため，実装密度を必要以上に高くしない．これに対して，モービル製品では小型化の要求からできるだけ高密度に実装する．許容スペースから機構部品と一体化することもある．たとえば図1.5に示した電動コンプレッサは，機電一体実装の典型的な例である．高密度化により，搭載された部品間の熱的，機械的，電磁気的，化学的な相互作用が複雑になる．また，移動する際の乱暴な取り扱いに伴う振動や衝撃なども考慮した実装設計が必要になる．

　ディスクリートのパワー半導体を多数並べて組み立てるよりも，取り扱いや放熱，電磁気ノイズの面で有利なパワーモジュールがよく使われる．最も一般的なパワーモジュールの写真と構造を図1.6，1.7に示す．複数の絶縁ゲート型バイポーラトランジスタ（IGBT：Insulated Gate Bipolar Transistor）を，セラミック基板上にベアチップ実装している．銅やAlSiC（アルミシリコンカーバイド）などのベースプレートは，樹脂ケースと一体化されている．ベースプレート上に，電気絶縁性と熱伝導性が良く，半導体と線膨張係数が近い窒化アルミAlNや窒化珪素Si_3N_4などのセラミック基板を配置する．基板は両面に銅を貼ったDBC（Direct Bonded Copper）が

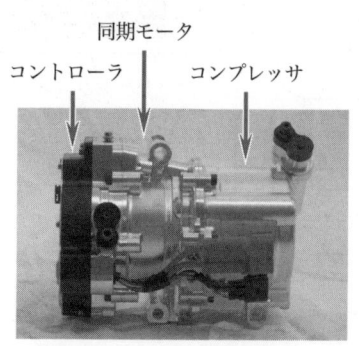

図1.5　機電一体実装の例：電動コンプレッサ

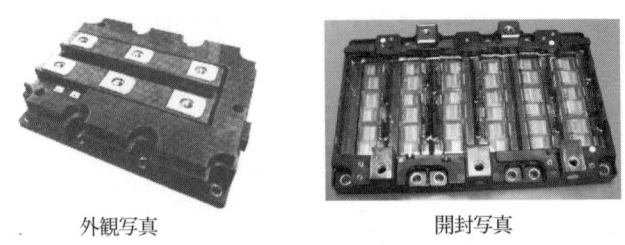

図1.6　パワーモジュールの外観・開封写真

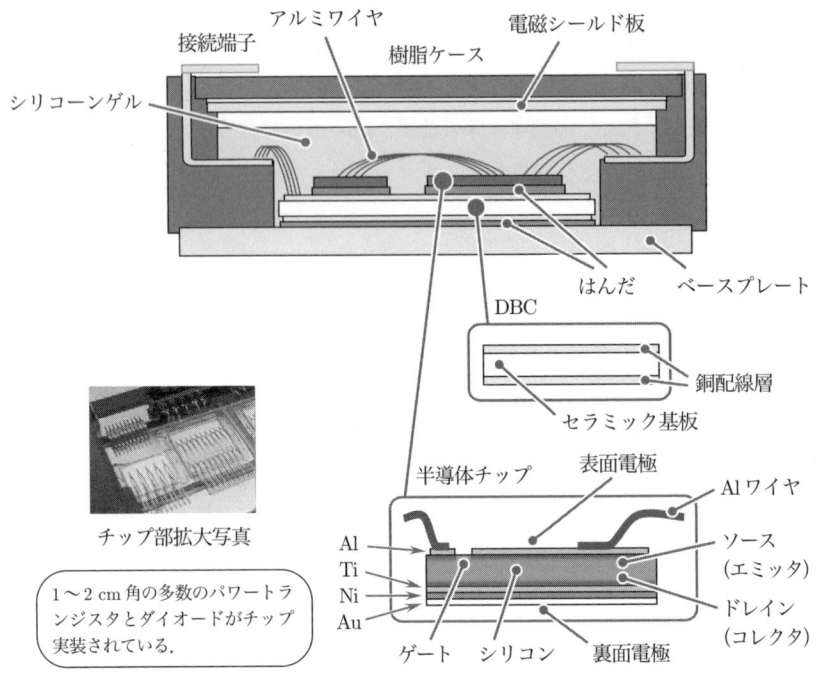

図1.7　パワーモジュールの内部構造

一般的である．チップ裏面のドレイン電極やコレクタ電極はTi/Ni/Au，Ti/Ni/Agなどの多層金属薄膜で，はんだで基板表面の銅配線層にダイボンドする．

　ベースプレートをセラミック基板裏面の銅配線層にはんだづけし，半導体の熱を外部に逃がす．チップ表面のゲート電極やソース/コレクタ電極などのアルミ配線層は，直径が200〜500 μmのアルミワイヤを超音波ウェッジボンドしてモジュールの

端子に接続する．パワーデバイスの表面保護やアルミワイヤの保護，放熱促進のためケース内にシリコーンゲルを封入する．

1.4 熱的調和の技術

1.4.1 冷却システム

多くの電子部品は温度が上がると劣化が加速するので，冷却システムが重要になる．劣化速度の温度依存性は，故障のメカニズムにより異なる．図1.8に示したように，劣化は，

(1) 劣化速度の連続的な増加
(2) ある温度から急激に進む劣化
(3) 部品内部の局所温度がある値を超えると熱暴走して制御不能に至る故障

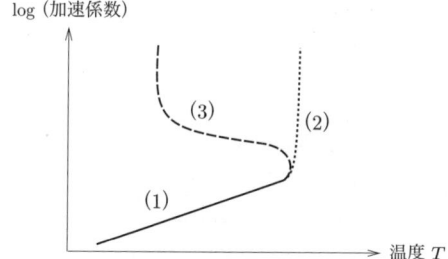

(1) 高温になると劣化反応が連続的に促進されるモード
- 多くの電子部品の時間－温度換算則は，アレニウスの式に従う
(2) ある限界温度に達すると急激に劣化が進むモード
- 相転移温度：電池やキャパシタの電解液の気化爆発，ガラス転移による基板の変形など
- 熱変質温度：モータ巻線絶縁材の過温度による変質や変形によるレアショート破壊
(3) ある限界温度に達すると熱暴走（thermal runaway）し，外部から制御できなくなるモード
- パワートランジスタのホットスポット形成による二次降伏
- リチウムイオン二次電池のホットスポットからの発火

図1.8　作動温度と劣化速度の関係

の三つのモードに分けて考えることができ，それぞれに対応した熱設計が必要となる．

モービル製品の冷却システムでは，地上付帯設備の送風機や冷却水が使えず，容積や重量の制約もある．また，運転条件や使用条件により熱環境が多様に変化する．小型高密度に実装されたパワーモジュールは熱に弱く，マージンも少ないことから，冷却技術の良否が製品全体の機能と信頼性を左右することになる．

設置される環境が厳しいときや自己発熱量が多いときは，ファンを使って空気を冷却面に直接当てる強制空冷システムを採用する．移動装備では，振動に弱い汎用の小型冷却ブロワが使えず，専用ファンや既存のラジエータファン，空調用ファンの風を利用して冷やす構造が一般的である．

発熱量がさらに大きい場合には水冷方式がとられる．たとえばハイブリッド車では，図1.9に示すように，パワーモジュールやモータを水冷し，ラジエータから放熱する．パワーモジュールの固定面を水冷ジャケットに固定し，温度が上昇した冷却水は専用の電動ポンプでラジエータに送り，放熱する．強制空冷に比べて大掛かりなシステムになるが，水という比熱の大きな冷媒を使っているので，パワーモジュールの急激な温度変動を抑えることができる．

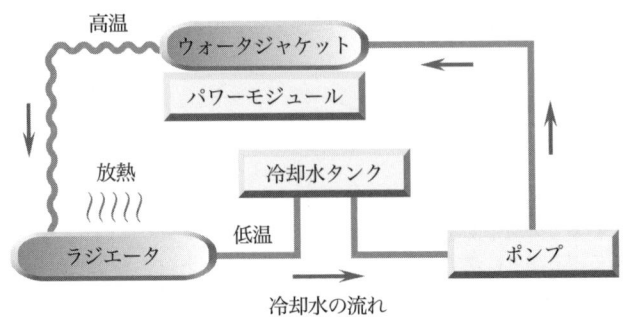

図1.9　一般的な水冷システムの構成

1.4.2　パワーモジュールと冷却器の熱結合

図1.10に示すように，放熱器に密着させてパワーモジュールを固定する．空気の熱伝導率が $\kappa \approx 0.026$ 〔W/m·K〕と小さいため，モジュールと放熱器間にほんのわ

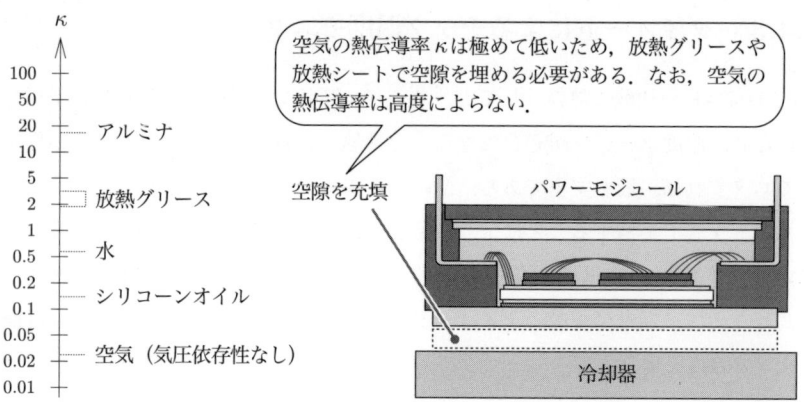

図1.10　パワーモジュールと冷却器との熱結合部

ずかな空隙があっても，熱抵抗が大きくなる．このため空隙を放熱シートや放熱グリース等で埋める必要がある．

放熱グリースはシリコーンオイル等の基油に，アルミナ粉末のような高熱伝導フィラーを充填したグリース状の粘性流体である．シリコーンオイルの熱伝導率は$\kappa \approx 0.15$〔W/m·K〕と水の約1/4であるが，フィラーを入れることで$\kappa \approx 2$〔W/m·K〕程度に増加する．放熱シートはシリコーンゴムなどに特殊なフィラーを含有させたもので，シート状のため作業性が良好であり，$\kappa \approx 5$〔W/m·K〕前後の熱伝導率を実現できる．

選別する際には，熱抵抗が小さく，作業性が良いことはもちろんであるが，長期安定性に十分配慮する必要がある．放熱グリースの劣化モードには，

- 温度や気圧による膨張収縮や振動によってグリースが排出されるポンプアウト（pump-out）
- 高温ベークによりグリースがフィラーから流出し，熱抵抗が増加するドライアウト（dry-out）

などがある．

1.4.3　ダイオードによるチップ温度モニタ

　CAD/CAEで精緻に熱設計しても，モービル製品では環境温度が完全に予測できないため，温度マージンが必要になる．一番熱に弱い部位の温度をシステム作動中にモニタすれば，最も安全である．最新のIGBTでは，誘電体分離したダイオードをオンチップで集積することにより，温度を素早く正確にモニタできるようになっている．ダイオードの順方向電圧降下V_fの温度依存性は，図1.11に示すように比較的良好なので，通常は複数のダイオードを直列に接続し，全体の電圧降下を計測してチップ温度を推定する．

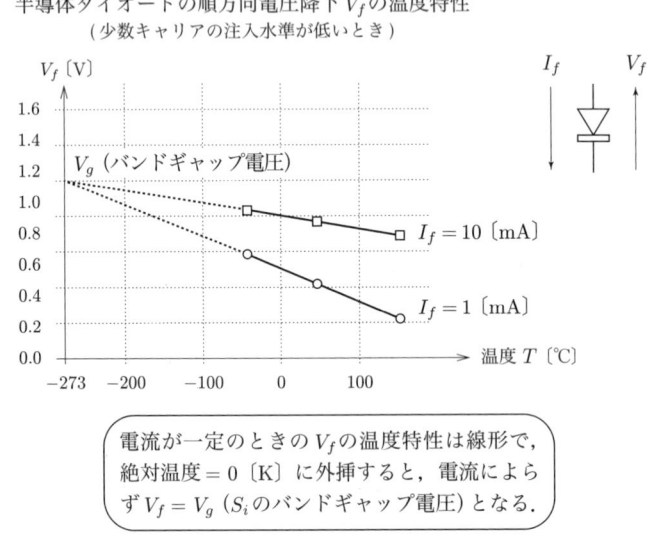

図1.11　ダイオードでチップ温度をモニタ

1.4.4　はんだ接合のサイクル疲労破壊

　周囲温度の変化やパワーのオン/オフによる温度変動があると，図1.12に示すように，半導体チップとベース金属の熱膨張差により，はんだや半導体チップに剪断歪や伸縮歪が発生し，はんだ接合部の疲労破壊やチップの脆性破壊が起こる．はんだの剪断歪はダイアタッチ外周が一番大きい．クラックは外周から中心に進展してい

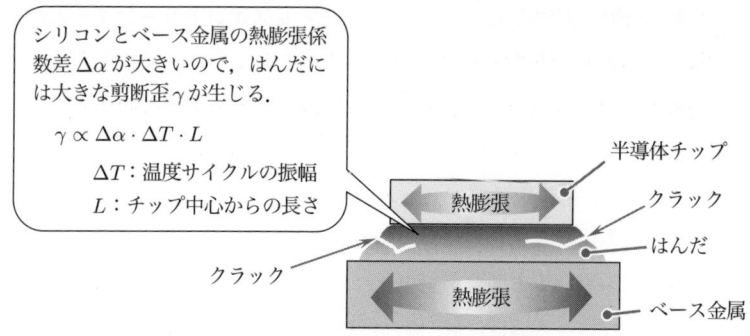

図1.12 はんだダイボンドの熱歪による疲労破壊

きチップの局所的な熱抵抗が大きくなるため,熱破壊につながるケースが多い.サイクル寿命 N_f は,温度ではなく熱膨張による相当歪[2] ε_{ep} で決まり,Coffin-Manson則

$$N_f = K(\Delta\varepsilon_{ep})^{-n} \tag{1.1}$$

に良く従うことが知られている.ここで,K と n (≈ 2) は材料定数である.たとえば,相当歪が2倍になると,寿命 N_f は約1/4になる.

熱膨張差による歪は,パワー半導体のチップサイズに比例して大きくなる.膨張係数が大きい銅はベース金属に使えないので,インバーまたはモリブデン等の低熱膨張の金属の両面に銅板を貼り合わせたクラッド材や焼結材,あるいは熱伝導率が高く熱膨張の小さいセラミック基板などを使う必要がある.

1.5 電磁的調和の技術

1.5.1 電磁ノイズ環境

モービル製品内には,パワーエレクトロニクス機器だけではなく,たとえば自動車では自動車のさまざまな動作をつかさどる電子制御ユニットや,カーステレオや

---

[2] 一般に歪は,x軸,y軸,z軸それぞれの直交面に垂直な成分 ε_{xx},ε_{yy},ε_{zz} と,水平な成分 ε_{xy},ε_{yz},ε_{xz} からなる2階の対称テンソルである.疲労破壊寿命は歪エネルギー,すなわち歪テンソルの各成分の二次式の大きさに左右される.歪エネルギーがこれと同一の,1軸(たとえばx軸)の垂直歪 ε_{ep} を,相当歪と呼ぶ.言い換えると,疲労破壊寿命は相当歪で一意に決まる.

カーナビなどの音響/情報機器，カーラジオやキーレスエントリーシステムなどの無線利用機器といった装置が取り付けられている．このように，雑音を発生する可能性のある機器と，雑音を受ける可能性のある機器が，狭い空間に同居するのが移動体の特徴である．

　自動車のユーザは，携帯電話機やペースメーカーなど，日常生活で利用するさまざまな電子機器を車内に持ち込む可能性がある．また，送信所のような強電界・強磁界が発生する敷地内を走行する場合も想定される．このため，モービル製品に用いられるパワーエレクトロニクス機器には，優れたEMC（Electro-Magnetic Compatibility）性能が要求される（図1.13を参照）．

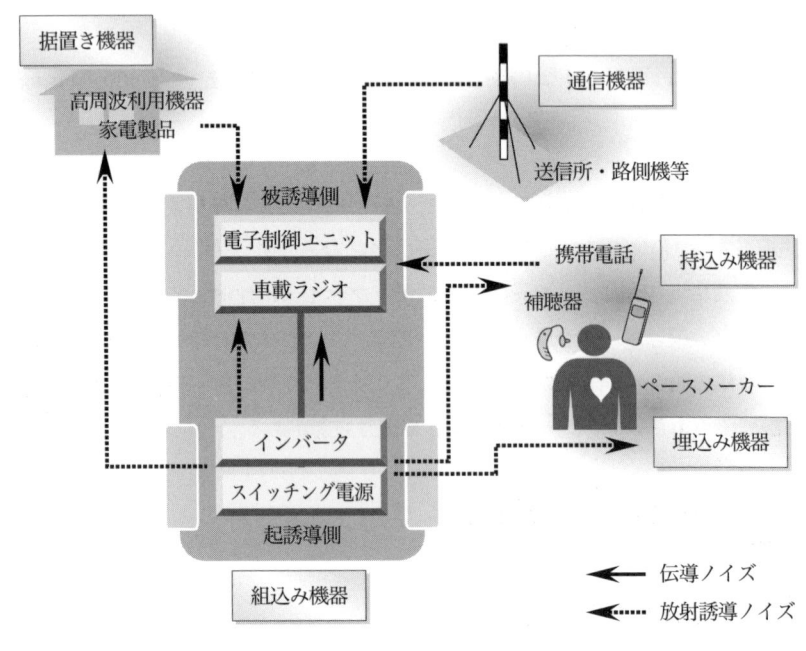

図1.13　EMCの全体像

1.5.2　電磁ノイズから見たパワーエレクトロニクス回路

　通常，パワーエレクトロニクス回路の時間変化dtは数十ns以上と緩やかだが，電圧や電流の変化dv，diが大きいので，それらをdtで割った時間微分商は大きくなり，

高周波回路と同様に寄生素子が無視できない．すなわち，

(1) 大電流なので，逆起電力 $L\mathrm{d}i/\mathrm{d}t$，$M\mathrm{d}i/\mathrm{d}t$ が無視できない
 ——たとえば，エミッタ回路の寄生インダクタンスが $L = 1$〔nH〕としても，1000 A/μs でスイッチングすると，$L\mathrm{d}i/\mathrm{d}t = 10^{-9} \times 10^{3+6} = 1$〔V〕となって，ゲート駆動電圧に影響を与える．

(2) 高電圧なので，変位電流 $C\mathrm{d}v/\mathrm{d}t$ が無視できない
 ——たとえば，モータ巻線の対筐体容量が $C = 1000$〔pF〕のとき，1000 V/μs でスイッチングすると，$i = C\mathrm{d}v/\mathrm{d}t = 10^{-9} \times 10^{3+6} = 1$〔A〕の RF コモンモード電流がグランドを迷走する．

(3) ケーブルが太いので，表皮効果を無視できない
 ——線径が太いため，低い周波数から表皮効果が表れる．表皮厚は $\delta = (\pi\sigma\mu f)^{-0.5}$ で，銅は導電率 $\sigma = 5.8 \times 10^7$〔S/m〕，透磁率 $\mu = 4\pi \times 10^{-7}$ なので，$f = 10$〔kHz〕のとき，$\delta = 0.66$〔mm〕になり，パワーラインのインダクタンスや抵抗は，表皮効果による周波数特性を持つ．

以上のように，パワーエレクトロニクス回路は，高周波回路と同じように扱う必要がある．

1.5.3 電磁ノイズの発生メカニズム

電力制御装置は，IGBT やパワー MOSFET 等のパワー半導体デバイスのスイッチング動作を基本としている．そのため電圧波形が方形波となり，電圧はステップ的に変わる．スイッチング波形には多くの高調波成分を含むため，ノイズが発生する．また，スイッチング時にパワーケーブルやモータ巻線の寄生インダクタンスと浮遊容量による共振が起こり，特定の高周波で大きな電磁ノイズが発生する．

大電流を高速でスイッチングすると，寄生インダクタンス L_p によって生じる過電圧 $V = L_p \cdot \mathrm{d}I/\mathrm{d}t$ が大きくなる．

また，PN 接合ダイオードや IGBT のようなバイポーラ素子では，少数キャリア蓄積効果により電流ノイズが大きくなるだけでなく，逆耐圧が低下すること（ダイナミックアバランシェ特性）にも注意する必要がある．

モータ駆動時に発生する電磁ノイズについて詳しく考える．図 1.14 において，シ

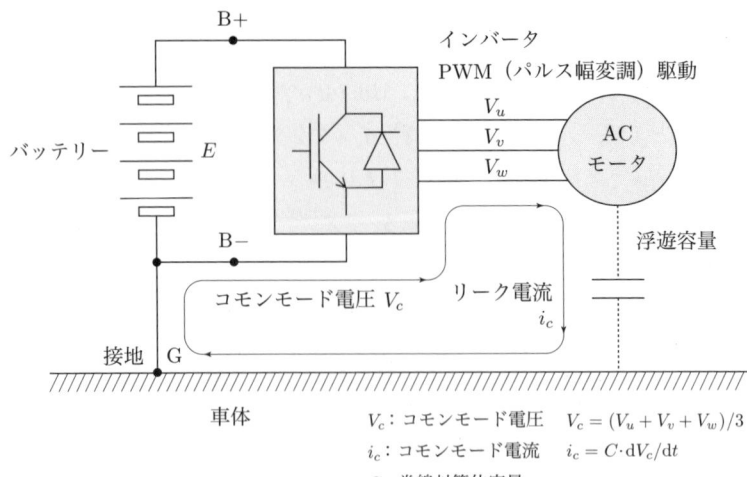

図1.14 スイッチングによるコモンモードノイズの発生

ステムを構成しているすべての機器は，移動体のボディに固定されている．モータのフレームは一般に金属製で，車体に直接固定され車体と同一電位である．モータの巻線は固定子鉄心のスロットに収められているため，巻線とモータフレームの間には比較的大きな浮遊容量Cが存在する．また電池は，直接あるいは接地コンデンサを介して車体に接続され，直流あるいは交流的に接地されるのが一般的である．

スイッチングするとモータ巻線のコモンモード（中性点）電位V_cが急変し，巻線－モータフレーム間の浮遊容量Cを介して図1.15のようなコモンモードノイズ電流i_c

$$i_c = C\frac{dV_c}{dt} \tag{1.2}$$

が流れる[3]．このリーク電流i_cは，電力制御装置，モータ，車体，電池といった比較的大きなループを一巡して流れるため，周辺に大きな電磁干渉を引き起こす．電池には他の機器も接続されており，リーク電流がそれらの機器に電線を伝わって流入し，誤作動を引き起こす可能性もある．

また，巻線とロータ間の浮遊容量が大きいと，上記のコモンモード電流はロータから軸受けを通ってグランドを迷走するので，ベアリングに電蝕（放電による損傷）が生じるおそれもある．

---

[3] 実際のモータは完全対称でないので，$V_c = 0$でも不平衡ノイズ電流が流れる．

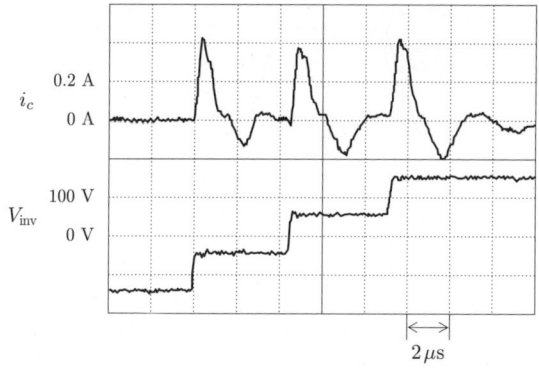

図1.15 コモンモード電流波形

1.5.4 電磁ノイズ対策

　移動体に用いる機器は高密度実装になるため，事後にフィルタなどの対策部品を追加するスペースがあまりない．対策部品が入らなければ，筐体の基本設計からやり直すことも想定しなければならない．製品の開発サイクルを短くするには，電磁干渉を事前に予測しながら設計する必要がある．そのため，移動体機器の開発・設計者は，EMCについて理解を深め，適切な対策を入れた基本設計をしなければならない．

　ノイズ発生源対策の基本ルールとして，スイッチング周波数を必要以上には高く設定して運転しない方法があるが，あまり周波数を下げると，騒音が聞こえたり，制御応答性が低下したりする．このつぎによく使われるレシピとして，スイッチングを緩やかにする対策法がある．スイッチング遷移時間τを長くして方形波を台形波にすると，$f_c = 1/\pi\tau$ 以上の周波数帯域の n 次高調波成分が，$1/n^2$ ($= -40$ dB/decade) で減衰するようになる（図1.16）．台形化によって図1.14のコモンモードノイズ電流のピークも減るので，簡便で有効なEMC対策である．しかし，図1.17のように，スイッチング遷移時間τを長くすると，スイッチング損失P_sが増加して発熱が増えるため，$\tau = 1\mu$s ($f_c \approx 300$ 〔kHz〕, $f_0 = 1$ 〔MHz〕) 程度が限度になる．

　図1.18に，寄生インダクタンスがある負荷回路を，大きな出力容量C_{oss}のパワーMOSFETでスイッチングしたときに生じる過渡振動波形と，RCスナバ回路によるサージ抑制を示す．図1.19には，コモンモードチョークによるノイズ電流のグラン

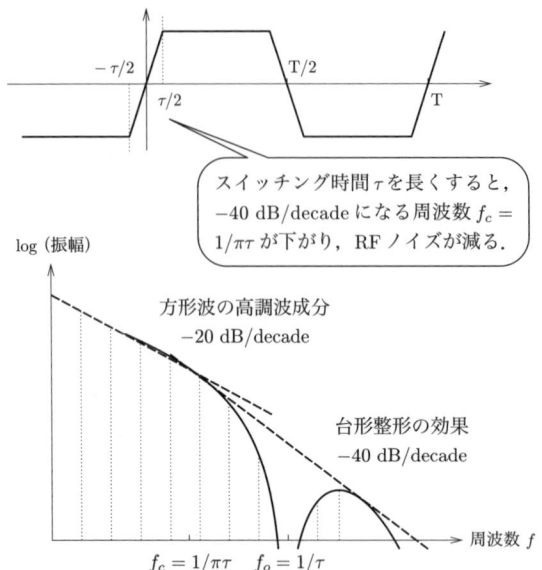

図1.16 台形波の高調波ノイズ

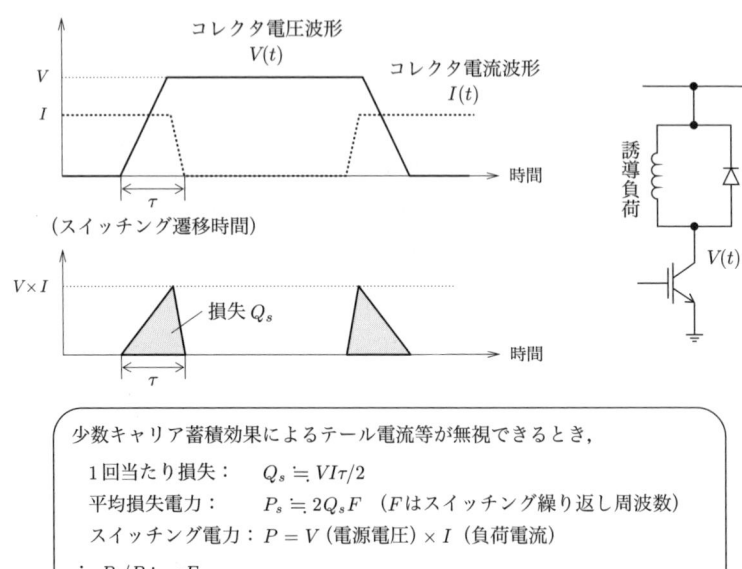

図1.17 誘導負荷のスイッチング損失

1.5 電磁的調和の技術　19

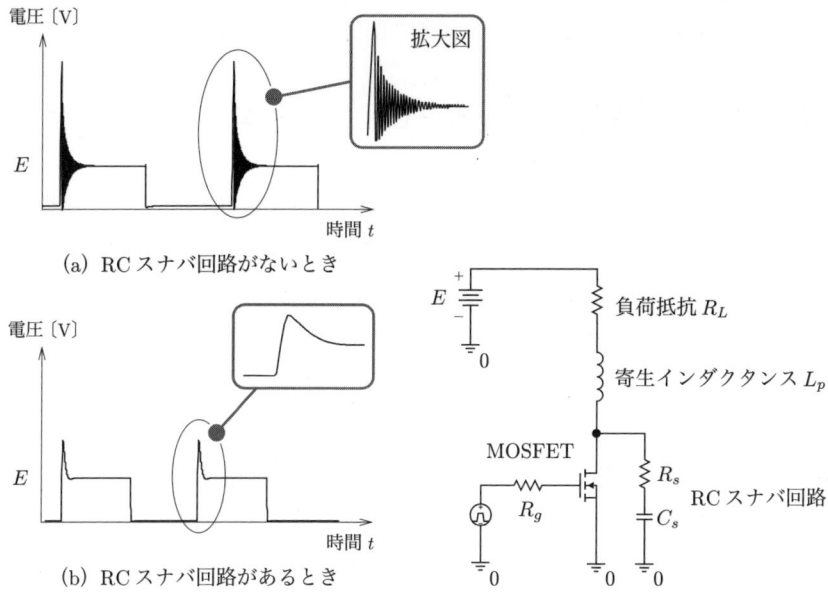

図1.18　RCスナバによる過渡振動の抑制

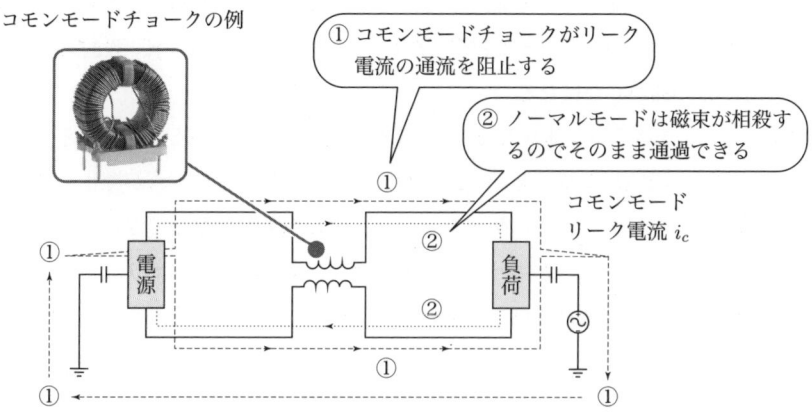

図1.19　コモンモードチョークによるリーク電流の抑制

ドループ抑制を示す．これらの発生源に対する対策だけではなく，シールド線や金属筐体による電磁遮蔽や，妨害を受ける電子機器の耐ノイズ性強化策などと総合的なトレードオフを考慮して決めるのが通例である．

1.6　複合工学としてのモービルパワーエレクトロニクス

これまで述べてきたように，モービル製品の概念設計を適切に行うには，全体構想に関連する専門技術の相互作用やトレードオフ関係を可視化する技術体系としての，複合工学（cross-disciplinary engineering）が必要になる．

たとえば，システム各部の変動に対する概念設計を考えてみよう．パラメータの変動に対してシステムを安定化する手法は，ロバスト制御理論だけではない．ものづくりの手順に従うと，まず，制御対象やセンサなどの全変動を，製造バラツキ，温度変動，経時変動などに層別し，各変動の分布や相関を統計的手法により明らかにする．変動特性が明らかになると，これらを工場の検査調整工程，温度補正回路やドリフト補償などの回路設計，そしてロバスト制御で，それぞれどのように分担するかを関係者間で摺り合わせて決定合意する必要がある．

また，全変動が限界を超えると不安定になるため，故障診断を組み込むのが通例である．しかし，判定レベルを低くすると正常なのに故障と誤判定したり，逆に高く設定すると故障なのに正常と誤判定したりする．ここでは，第1種/第2種過誤[4]という統計学の知識が必要になる．

このように，システム全体設計では，多くの専門技術者の知識と知恵を上手に摺り合わせることが必須になる．しかし，専門技術が広がり，それぞれが深化しているため，自然言語だけでコミュニケーションをとるのが困難になってきている．そこで，各サブシステムや各コンポーネントを**モデリング**することにより，自然言語のコミュニケーションで避けられない漏れや誤りをなくそうとする流れがある．この

---

[4] 帰無仮説が正しい（たとえば「システムに故障がない」）にもかかわらず棄却する（故障と誤判定）ことを，第1種（偽陽性）過誤，帰無仮説が誤っている（つまり「システムに故障がある」）にもかかわらず採択してしまう（故障を見逃す）ことを，第2種（偽陰性）過誤という．信号にはノイズ（外来雑音信号や部品特性のドリフト，A-D変換器の量子化誤差など）が加算されるために，故障診断時にこのような統計的な誤りが生じる．

場合に，**モデルの質**が重要になる．Ernst Mach（エルンスト・マッハ）の思考経済原理によれば，「モデルの複雑度」と「モデルの誤差」の和を最小にするのが良いモデルである．このようなモデルを作る手腕は，どちらかと言うと工学よりはアートであり，経験と多少のセンスを必要とする．モデリングについては，つぎの第2章で詳しく解説する．

1.7　電気自動車のシステム設計——本書の構成——

　本節では，電気自動車のシステム設計の概要を説明し，その詳しい解説が記載されている章を併記する．電気自動車（EV：Electric Vehicle）は多種多様な進化を遂げつつあるが，本書では，電動モータを主動力源とし，十分なエネルギー源を保持して自由に動ける車を対象とする．リチウムイオン二次電池や亜鉛空気電池，水素燃料電池による電気自動車，ハイブリッド電気自動車などがこれに該当する．大型の公共交通バスや定期便のトラックでは，専用軌道や専用架線，あるいは道路に埋め込まれた誘導コイルなどを道路インフラとして整備し走行中に給電する構想や，熱機関に発電機と電動機を直結して自動変速装置の代用としたシリーズハイブリッド電気自動車などもあるが，本書ではこれらを除外する．

　ガソリンエンジンやディーゼルエンジンなどの内燃機関と電動モータとの，自動車の動力源としての比較を図1.20に示す．一般に内燃機関に比べて電動モータはモデリングしやすく，制御性に優れている．そのため駆動系と車両運動系を統合したモデリングが可能で，これら全体の系をモデルベース制御することにより，工学知の高度の複合であるSE&I（System Engineering and Integration）が達成できる．このモデルベース制御の基本的な考え方については，第2章で詳しく述べる．

　自動車の設計では，動力源の配置と駆動輪の選択が，車両の基本構造や運動性能を大きく左右する．内燃機関の自動車では，通常は1台のエンジンがフロントあるいはリア，まれにミッドシップにマウントされる．駆動輪としてはフロントあるいはリア，さらに4輪があり，それぞれの特徴を生かした自動車が開発・製造販売されている．

　内燃機関では，出力と駆動輪の間に変速機とドライブトレインが必要で，このことがレイアウト自由度を損ねている．電動モータを動力源とすると，レイアウト自

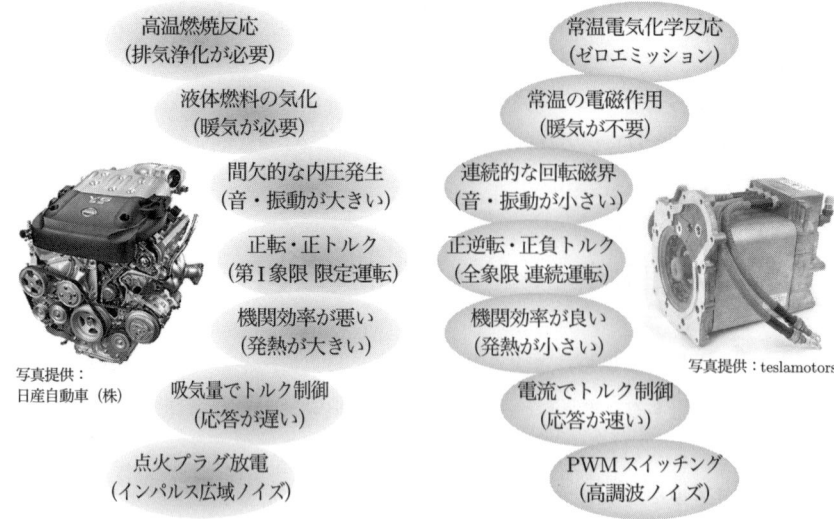

図1.20　内燃機関と電動モータの動力源としての比較

由度が遥かに高くなる．変速機やドライブトレインは必ずしも必要ではない．また，複数のモータを搭載したり，車輪のホイール中に搭載する，いわゆるインホイール方式も可能である．背が高く，冷却のため前面に大きな開口部を必要とする内燃機関と比べ，電動モータでは車両をスリムに設計できる．ガソリンエンジン車とソーラーカーの走行抵抗の比較を図1.21に示す．レース用のソーラーカーの数値では直接参考にならないかもしれないが，乗用車の走行抵抗に大きな改善の余地があるこ

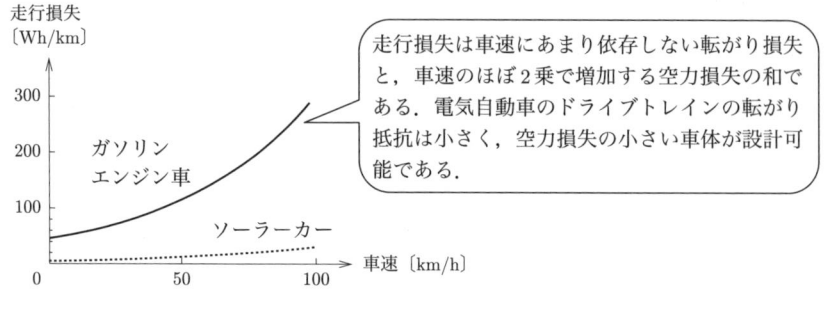

図1.21　ガソリンエンジン車とレース用ソーラーカーの走行損失比較

とは明白であろう．

　モータはゼロ回転から高精度に正負のトルク制御ができる．負のトルク制御，つまり制動力制御には，車両運動エネルギーを二次電池に回収する回生制動と，電気エネルギーでモータを逆転させる電気制動の2種類がある．正負のトルク制御の応答性は内燃機関より2桁程度良いので，駆動力と制動力を連続的にきめ細かく制御することができ，路面とタイヤの粘着制御や車両の姿勢制御が可能になる．

　以上のようなモータのレイアウト自由度と制御性の良さを生かすと，たとえば都市のコミュータ用の2輪電気自動車が実現可能になる．第3章では，倒立2輪ロボットを例に，一般的なフィードバック制御系の設計手順を述べる．

　ハイブリッド車とインホイールモータを使った4輪走行の電気自動車については，第4章で説明する．動力合成の違いによるハイブリッド車のさまざまな構成と，内燃機関をハイブリッド化することによる動力効率向上の原理や，二つの異なる動力源の協調制御について触れる．走行制御系としてポテンシャルの高いインホイールモータの電気自動車の制御法と，部分故障に対しシステムを再構成して安全性を確保する手法について述べる．

　電気自動車はITS（Intelligent Transport Systems）制御技術との相性が良い．車両（car）を群（platoon）走行させて列車（train）化することにより，走行抵抗を2〜3割程度下げることが可能であるが，この目的には制御性の良い電動モータのほうが適している．また，ハイブリッド車でナビのルート情報を用いた電池の充放電制御で燃費を改善できるが，これについては同じく第4章で触れる．

　電気自動車の電源としては，燃料電池や金属空気電池のような一次電池と，リチウムイオン電池のように繰り返し充電して使う二次電池または大容量キャパシタが考えられる．

　電池交換が必要な一次電池の電気自動車を普及させるためには，新たに水素や亜鉛などの製造/輸送/交換のインフラ整備が必要である．しかし，メカニカル充電（電池の負極をカートリッジ交換）するだけでエネルギー補給できるため，手間と暇がかかる充電が不要であり，ガソリンエンジン車と同様の使い勝手となる．

　二次電池は充電すれば繰り返し使える点で優れているが，容量の経時劣化の問題があり，精密な容量推定やバッテリーコントロールが必須になる．二次電池の充電方式は，車載電源からのオンボード充電と，電力インフラからのオフボード充電が

ある．前者には，車両に搭載した太陽電池からの補助充電や，発動発電機を使って走行中に充電する，いわゆるRE（Range Extender）シリーズハイブリッド方式がある．電力網（power grid）に接続するプラグイン充電方式の長所は，既存の電気エネルギーインフラが使えること，安価で余力のある深夜電力料金が利用できることなどである．エネルギー安全保障から見ると，水力や火力，原子力発電だけでなく，風力や地熱，太陽光などの自然エネルギーまで多様な展開が可能であることも長所である．難点としては，駐車場にエンジンブロックヒータが普及していない日本では，充電設備に投資負担があること，長距離走行では途中で何回か充電が必要だが，急速充電でも時間がかかることが挙げられる．

電池の最大の欠点は，内燃機関の燃料と比べるとエネルギー密度が桁違いに小さいことである．動力源単体でパワー/重量比を比較すると，内燃機関も電動モータも1 kW/kgのオーダで同等であるが，燃料タンクと通常の二次電池のエネルギー密度を比較すると，動力源の効率の差を勘案して前者の数値を割り引いても，後者は1桁以上も低いのが現状である．この点は電気自動車の普及のネックと認識されてグローバルな開発競争が進められており，その動向からは目が離せない．軽量化のためには電極材料の飛躍的な改善が期待されるが，航空機がロケットエンジンではなくジェットエンジンを使っていることを踏まえると，電池の正極剤として，たとえば遷移金属の酸化物を使うよりも，大気中の酸素を利用する空気極のほうが将来的には有望であろう．このような電池と電源システムについては，第5章で解説する．

電気自動車の電動モータには，永久磁石を使った同期モータや，永久磁石を使わない誘導モータなど，多くの種類があり，目的に応じた選択が可能である．たとえば永久磁石を使った同期モータは低回転時の効率が高く，都市交通に向いているが，高速走行時には界磁を弱めるための余分な電流を流す必要があり，効率が落ちる．また，磁石には希土類など希少資源が使われており，世界的な資源価格の急高騰の問題がある．誘導モータは磁石と高精度の回転センサが不要で，堅牢であり，新幹線のような高速一定走行に向いているが，停止と発進を頻繁に繰り返す用途には適していない．電動モータの追従性や応答性の向上に，ベクトル制御など，モデルをベースとした制御法の開発が大きく貢献している．第6章では，各種電動モータの原理と特徴，モデルと各種の制御法とモータ駆動回路について解説する．

参考文献

[1] 廣田幸嗣：チュートリアル：モービル・パワー・エレクトロニクス入門 第1回——電気自動車から2足歩行ロボットまで，移動体型製品は多様な技術の複合体，日経エレクトロニクス，2007年5月21日号，日経BP.

[2] K. B. Clark and T. Fujimoto : *Product development performance — strategy, organization, and management in the world auto industry*, Harvard Business School Press, 1991.

[3] 藤本隆弘：人工物の複雑化とものづくり企業の対応——制御系の設計とメカ・エレキ・ソフト統合，*MRRC Discussion Paper No.187*, 東京大学ものづくり経営研究センター，2007年12月.

[4] M. Ciappa : Selected failure mechanisms of modern power modules, *Microelectronics Reliability*, Vol.42, pp.653–667, 2002.

[5] 小笠原悟司：パワーエレクトロニクスにおけるEMI/EMCのモデリングとシミュレーション，電気学会誌，Vol.126, No.6, pp.352–355, 2006.

第2章 走行制御システムの設計

図2.1に示すように，モービルパワーエレクトロニクスはつぎの二つの製品群に大別できる．

(1) 身体機能の拡張を目的とした人が操作するタイプの製品群
(2) 身体機能の代行を目的とした自律ロボットのような製品群

電気エネルギーは蓄積・変換・回生が容易で，しかも高効率である．また，メカリンクや油圧によるパワー伝達からPower-By-Wire，すなわち電線によるパワー伝送にすることでレイアウト自由度が高まり，制御性も向上する．こうした理由から，パワーエレクトロニクス技術を応用した各種の移動装備，すなわち電気自動車に代表されるモービルパワーエレクトロニクス製品は，ますます広がるだろう．本章では，モービルパワーエレクトロニクスの全体設計と，そのキーとなるモデリング手法について解説する．

2.1 システム設計の手順

2.1.1 モービルパワーエレクトロニクス製品の特徴

固定設備と比べると，移動装備の制御要求仕様は数値的には緩やかである．たとえば，半導体露光装置ではナノメートルオーダの高い位置精度と高速応答性が求められるが，自動車の停車位置や速度は，メカ（自動車の制御装置）ではなくドライバーの運転技量で決まる．自動車の制動・駆動の加速度はタイヤや路面状態に左右されるため，その加速度の制御には限界がある．介護アシスト用のパワードスーツでも，アシスト力や位置は，人間本体のおおまかな精度まで許容される．ハードディスクや鉄鋼業の圧延機では高い速度追従性能が要求されるが，自動車の適応走行制

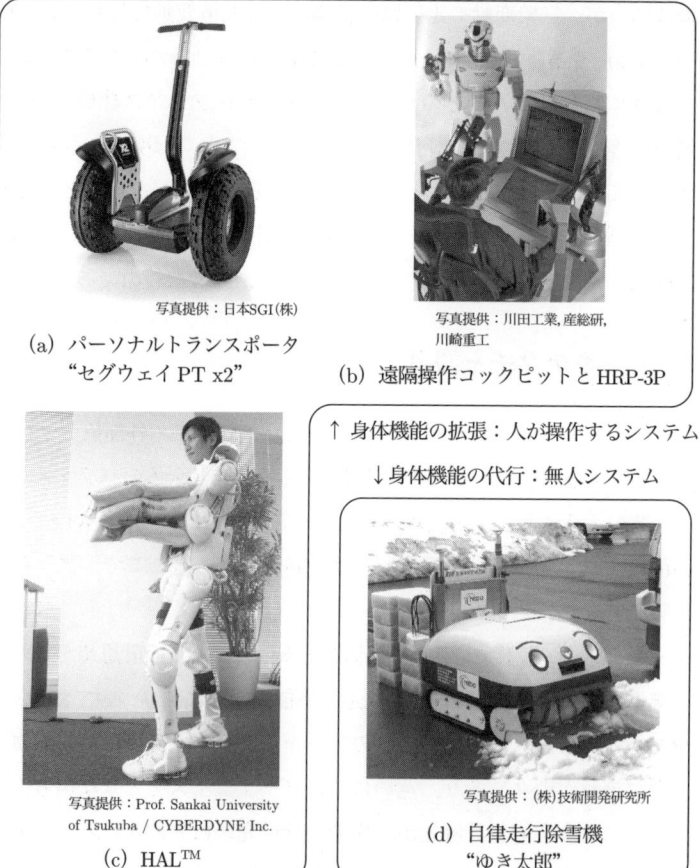

(a) パーソナルトランスポータ "セグウェイ PT x2"

(b) 遠隔操作コックピットと HRP-3P

↑ 身体機能の拡張：人が操作するシステム
↓ 身体機能の代行：無人システム

(c) HAL™

(d) 自律走行除雪機 "ゆき太郎"

図2.1　モービルパワーエレクトロニクス製品群

御（ACC：Adaptive Cruise Control）や，ロボット除雪機（図2.1 (d)）の走行速度の要求精度は，それほど高くない．ACCでは，ドライバーに気づかれない程度の変動は許容される．また，タイヤと路面のスリップ率は時々刻々変動するので，車輪速センサ信号から本来の制御目標値である対地車速を正しく推定することは困難である．

このように，モービルパワーエレクトロニクスでは，通常のフィードバック制御理論で主要な目的とされている速応性（過渡特性）や追従性（定常特性）に対する

精度要求は低いが，気象変動や走行路の状態などの環境変動に対して高い**ロバスト性**（robustness）や**適応性**（adaptivity）が要求される．自分勝手で気ままな人間の意のままに動くための，人間とのヒューマンインターフェイス仕様も重要になる．固定設備の応答性や追従性の設計仕様と比べると，これらは明確な数値で記述することが難しいことが特徴である．それと同時に，身体の拡張を目的として人が操作するタイプの製品群では，制御ループの中に人間が入ってきてしまう，すなわち，Man-In-the-Loop（MIL）を構成してしまうことも，大きな特徴である．

2.1.2 アーキテクチャ設計

　複雑なモービルパワーエレクトロニクスの設計において，各部位ごとにバラバラに詳細設計して事後調整すると，開発期間が長くなったり全体のバランスが悪くなったりする．そのようにならないためには，第1章の図1.3（p.3）に示したように，詳細設計の前にアーキテクチャ（概念）設計が必要になる．ここで，アーキテクチャ設計には製品アーキテクチャと工程アーキテクチャがある．

　製品アーキテクチャ設計では，製品の構造と機能について設計思想をまとめる．ミクロな有機化合物の設計では，分子の構造と機能が密接に結びついており，両者は一体不可分である．しかし，通常の製品のアーキテクチャ設計では，機能展開と構造展開の二つの流れが別々にあり，互いにインターフェイスをとりながら作業が進められる．製品により機能設計優先か，構造設計優先かに分けられる．たとえば工作機械の設計では，構造より機能を優先させる．外観形状より加工機能が顧客に評価されるからである．それに対して，自動車の全体設計では，膨大な製造設備や関連産業を背景とした工程アーキテクチャの制約，車台やエンジンの系列，ファッション性などが無視できず，構造が先に決まるケースが多い．与えられた構造に対して，「走る」「曲がる」「止まる」などの機能設計をすることになる．

　電動車などのモービル製品のアーキテクチャ設計では，最大出力や航続距離に関わるパワー供給機能（自家発電，蓄電，インフラ供給など）の割付が最初に決められる．パワー供給機能が決まると，

- ハイブリッド車
- プラグインハイブリッド車

- 燃料電池電気自動車
- バッテリー電気自動車

などの自動車の基本構造，パワー供給源の構造，エンジンの排気量や二次電池の容積などの詳細設計が始まる．ここで問題があれば，再びパワー供給機能のアーキテクチャ設計に差し戻されることになる．

2.1.3　設計時のインターフェイス

関連する設計グループ間のインターフェイスには，さまざまな形態がある．仕組みとしては，設計通知書や，デザインレビューなどの打ち合わせ（会議）などがある．日本の多くの企業の開発の現場は，大部屋方式[1]をとっており，日常的な会話やチームワークが仕組みを越えたインターフェイスの場となっている．担当者の兼務も，組織間のインターフェイスの重要な要素である．たとえば，センサの担当者がメカ設計グループと制御グループを兼務し，前者で構造設計を，後者で機能設計を担い，自分自身の中で両者をインターフェイスさせているケースがある．このような人間中心の仕事の進め方は柔軟性に富んでいるが，プロセス管理が不透明になりやすいので，これを補うものとして，何らかの仕組みを用意しなければならない．

最近ではCADに連動した複合領域シミュレーション，いわゆるCAD-embedded CAEが普及している．図2.2に示すように，機械強度解析，熱解析，空力解析，NVH (Noise Vibration Harshness)，ダイナミクス（動力学）に至るまで，相互に強く依存する多くの技術課題を，ワークステーション（PC）上で解析できるようになってきた．

外部要求と内部構造の双方が複雑なシステムのアーキテクチャ設計において，モデリングとコンピュータシミュレーションを両輪としたシステム工学は，極めて有用である．ただし，ツール導入の前に，アーキテクチャ設計の諸課題を可視化し，共有化することが肝心である[2]．また，米国発の学問体系であるシステム工学は，日本

---

[1]. 英語ではCo-locationという．情報共有化のため大部屋を用意し，上位職も含めたチーム全員を物理的に近接（声が届く範囲に）して配置する開発方式のことである．会議などをしなくても日常業務で自然にコミュニケーションできるメリットがある．
[2]. これは，e-mailによる意思疎通や会議などにも言えることで，まず，face-to-faceの人間関係を築いた後で，すなわち，きちんとした人間関係を構築した後で，e-mailによる議論を始めないと，互いに相手のことを考えずに，自己主張するだけに終わってしまう．

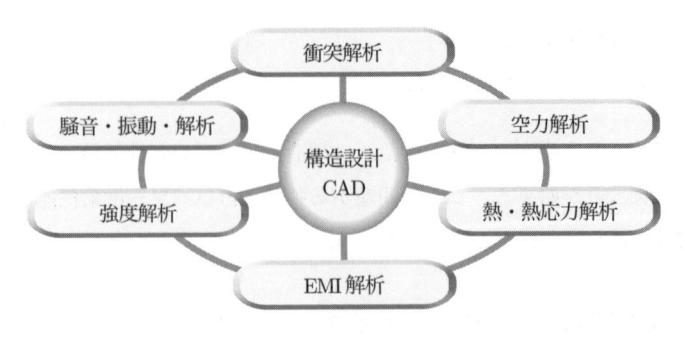

図2.2 さまざまなCADの有機的な活用

企業の組織や仕事の進め方にそのままではなじみにくいところがあり，手法に振り回されるケースも少なくない．何よりも，開発に関わるキーパーソンが関連する技術の本質を正しく理解していることが前提条件である．ここで重要なポイントは，モデルを使うことで複合工学領域に「共通語」が生まれ，摺り合わせのレベルを深くでき，高度なintegrity（十全性）が達成できることである．

モデルを構築することを意味する**モデリング**（modeling）は，工学のさまざまな分野に登場する基本的な手法である．分野によってモデリングの意味が若干異なっているが，複雑な物理，化学，あるいは社会現象を**モデル**（model）という比較的単純化された数学的表現に変換しようとする考え方は，ヨーロッパで誕生した近代科学の基礎をなしている．ここで，モデルとは，対象の本質的な部分に焦点を当て，特定の形式で表現されたものである．モデリングという過程には，方法論だけでなく，エンジニアの知恵と経験が大きく関与するところが，モデリングの難しさでもあり，面白さでもある．

2.2　モデルベース開発

近年，**モデルベース開発**（MBD：Model-Based Development）というキーワードに代表されるように，モービルパワーエレクトロニクスのような大規模システム開発でモデリング技術が注目を集めている．その理由をまとめておこう．

- 大規模・複雑系では，「モデル」という共通言語をベースとすることにより標

準化が図られ，開発効率が向上する．また，モデルを共有することにより，開発担当者間での摺り合わせが容易になり，開発の質が向上する．
- モデリング法やモデルベース開発過程の標準化活動が世界的に行われ，自動車業界を中心としてMBDが急速に普及しつつある．
- IT技術の発展により，大量データを計測，伝送，記憶，処理することが可能になった．以下で解説するような，大量データに基づくモデリング法であるシステム同定理論が適用できる環境が整ってきた．

以下では，主に，制御のためのモデリングについて述べる．制御系設計法はつぎの二つに大別できる．

(1) モデルベース制御（MBC：Model-Based Control）
(2) モデルフリー制御（MFC：Model-Free Control）

MBDとMBCは混同しやすいので，注意しよう[3]．

MBCの代表が現代制御，ロバスト制御，モデル予測制御であり，MFCのそれはファジィ制御，ニューロ制御である．なお，現場で最もよく用いられる古典制御は限りなくMFCに近いMBCである．本書では，もちろんMBCを対象とする．MBCを考えた場合，制御対象，制御目的，そして使用する制御系設計法などに応じてさまざまなモデリング法が存在するが，本書では，微分方程式，差分方程式，伝達関数，状態方程式，あるいは論理式といった数学モデルを用いたモデリング法を取り扱う．図2.3に示したように，制御系設計や解析を行うためには，制御対象の数学モデルが必要になる．図より，モデルは実世界と仮想世界を結ぶインターフェイスの役割を果たしていることがわかる．

以下ではつぎの三つの数学モデルの構築法について説明しよう．

(1) **第一原理モデリング**（first principle modeling）—— 対象を支配する第一原理

---

[3] MBCでモデリングするのは制御対象である．これに対して，MBDは，設計対象である過程（process）と製品（product）のすべてを陽でいつでも使えるようなモデルに置き換えて，システム開発の効率と設計品質を向上させる手法である．MBDでは制御システムがモデルベース制御である必要はない．実際の複雑なシステム開発では設計要件を100%モデリングできないため，従来の自然言語やC言語なども併用される．通俗的には仕様書などの代わりにグラフィック環境で組込みシステム等の開発をすることをMBDという．

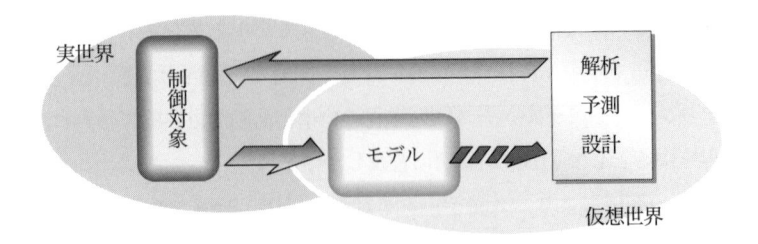

図2.3 モデルは制御の要(かなめ)

(科学法則のことで，たとえば運動方程式，回路方程式，保存則など）に基づいてモデリングを行う方法である．対象が物理システムである場合には，物理モデリングとも呼ばれる．制御のためのモデリングを行う場合，真っ先に検討すべきモデリングの王道である．この方法は対象の構造が完全に既知である場合に適用でき，**ホワイトボックスモデリング**とも呼ばれる．第一原理モデルの利点と問題点をまとめておこう．

利　点：対象の第一原理に基づいているので，対象の挙動を忠実に再現できる．また，モノを生産する前に，計算機上でモデリングを行うことができる．

問題点：一般に，非線形・偏微分方程式で記述される詳細モデル（計算機上のシミュレータ）が得られる．詳細モデルを用いて対象の解析や予測を行うことができるが，モデルが複雑なので，MBCによる制御系設計用にそのまま利用することは難しい．また，摩擦係数や減衰係数のように，実際に実験を行わなければ値がわからないパラメータも存在する．

(2) **システム同定**（system identification）──実験データに基づくモデリング法であり，データベースモデリングと呼ばれることもある．これは対象をブラックボックスと見なして，その入出力データから統計的な手法でモデリングを行うため，**ブラックボックスモデリング**とも呼ばれる．線形システム同定に関しては，理論体系が完備している．大量に計測されるデータの中からいかにして意味のある情報を抽出するかは，現代工学における重要な課題の一つであり，これについては発見科学のような学問領域で研究されているが，システム同定

も同じ方向性を持った研究分野である．システム同定の利点と問題点をまとめておこう．

利　点：複雑なシステムに対しても，実験データから比較的簡潔なモデルを得ることができる．また，さまざまなシステム同定法が提案されており，それを実行するソフトウェアであるSystem Identification ToolboxがMATLABに用意されている．

問題点：実験的なモデリング法なので，モノ（同定/制御対象）がないとモデリングできない．すなわち，モノを生産する前にシステム同定を用いることはできない．また，システム同定理論をある程度勉強しておかないと，使いこなすことが難しい．

(3) **グレーボックスモデリング**（gray-box modeling）── ホワイトボックスモデリングとブラックボックスモデリングの中間に位置するモデリングで，白と黒を混ぜ合わせた灰色という意味で，グレーボックスモデリングと呼ばれる．対象に関する部分的な物理情報が利用できる場合のモデリング法で，実際の制御の現場で用いられているもののほとんどはこの範疇に含まれる．ただし，対象や実験環境などに大きく依存するため，グレーボックスモデリングに関する一般理論は残念ながら存在しない．

2.3　制御のためのモデリングのポイント

図2.4に制御のためのモデリングの概念図を示した．図において，実システムをできるだけ忠実に再現する詳細モデルを構築しようとする立場をとるのが，第一原理モデリングである（そのため，詳細モデルの矢印は外側を向いている）．一方，制御用公称モデル（nominal model）としては，できるだけ簡単なものが望ましい（そのため，公称モデルの矢印は内側を向いている）．なぜならば，モデルが複雑になるにつれて設計されるコントローラの次数が高くなり，実装化の観点から望ましくないからである．制御エンジニアの腕の見せどころは，複雑な現象をできるだけ当を得た簡潔なモデルで表現することにある．

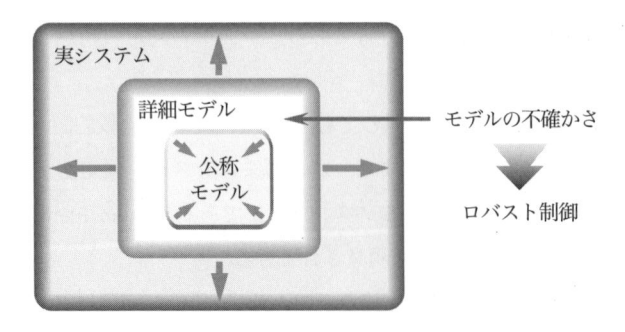

図2.4 制御のためのモデリング

つぎに，実システムと公称モデルの関係を図2.5にまとめた．公称モデルを得る際に行われる何らかの近似によって，実システムのさまざまな情報が失われていることに気づくだろう．これがモデルの**不確かさ**（uncertainty）の原因である．本来ならば，公称モデルと実システムの間がモデルの不確かさであるが，われわれが知りうる実システムに最も近いものは詳細モデルであるので，詳細モデルと公称モデルの差をモデルの不確かさであると考えてよいだろう．図2.6に示すように，もちろんこれ以外にもモデルの不確かさの要因は多数存在する．図には，制御対象のモデリングからコントローラ設計，そしてコントローラの実装化までの流れを示した．制御対象の状態空間表現に基づく，いわゆる**現代制御**（modern control）は，モデルの不確かさを陽に考慮していなかったため，プロセス産業などのような実問題への適

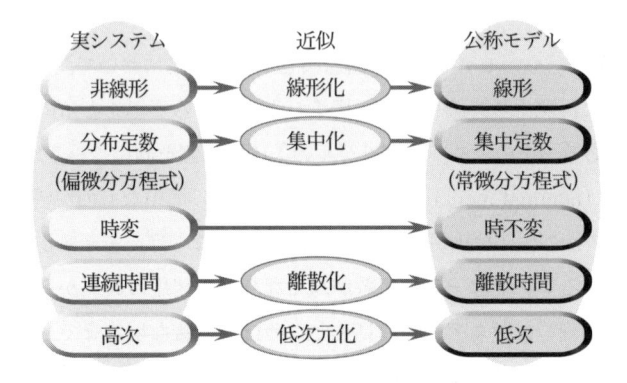

実システム	近似	公称モデル
非線形	線形化	線形
分布定数（偏微分方程式）	集中化	集中定数（常微分方程式）
時変		時不変
連続時間	離散化	離散時間
高次	低次元化	低次

図2.5 公称モデルの構成のための近似法

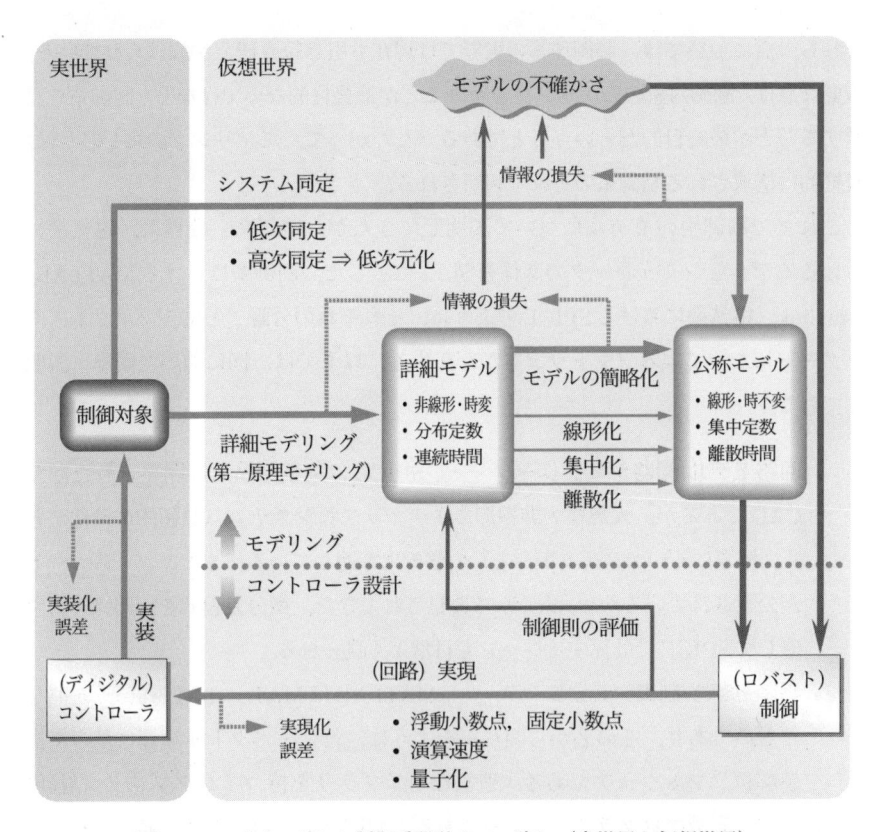

図2.6 モデリングから制御系設計までの流れ（実世界と仮想世界）

用が難しかった．それに対して，1980年代から精力的に研究され，実問題に適用されてきた**ロバスト制御**（robust control．ロバストはモデルの不確かさに対して頑丈という意味である）は，公称モデルとそのモデルの不確かさに基づいて，制御系を設計する方法である．

ロバスト制御のためのモデリングにおいて，つぎの3点が重要になる．

(1) 詳細モデルを実システムにどれだけ近づけられるか？
(2) 制御用公称モデルが詳細モデルの重要な部分を良く近似しているか？
(3) 近似しきれなかった部分をモデルの不確かさとして定量的に評価できるか？

これらの点については，制御理論の世界では現在も引き続き研究が続けられている．重要な点は，制御対象のモデリングを行うことが最終目的なのではなく，制御系を設計することが最終目的だということである．したがって，モデリングの良し悪しは，最終的に構成される制御系のそれで判断される．

これまで制御用のモデルについて説明してきたが，電気系，機械系，磁気系におけるモデルとシミュレータの関係を図2.7に示した．制御系におけるMATLAB/Simulink，電気系におけるSPICEのように，それぞれの分野ごとにデファクトスタンダードになっているソフトウェアが存在する．以下では，図について簡単に説明しておこう．

- **回路モデル/回路シミュレータ** —— SPICEは集積回路用に開発された回路CADであるが，大規模・非線形でスティッフなシステム（数値的に条件が悪く，解きにくいシステムのこと）の解析にも適している．また，ソースコードが公開されているため，古くから改良されてきた．微分方程式を回路図に書き直してSPICEで計算するシーンも日常よく見られる．

- **制御モデル/制御シミュレータ** —— MATLABはMATrix LABoratoryを略したものであり，その名から明らかなように，行列・ベクトル演算に基づく数値解析ソフトウェアである．豊富なライブラリを持つインタプリタ（対話）形式の高級プログラミング言語である．制御ツールボックス，通信ツールボックスをはじめとして，豊富なツールボックスを備えている．また，ブロック線図入力により制御系のシミュレータを構築できるSimulinkも準備されている．MATLAB/Simulinkにより設計されたコントローラをDSP（Digital Signal Processor）により実装するためのさまざまなインターフェイスも製品

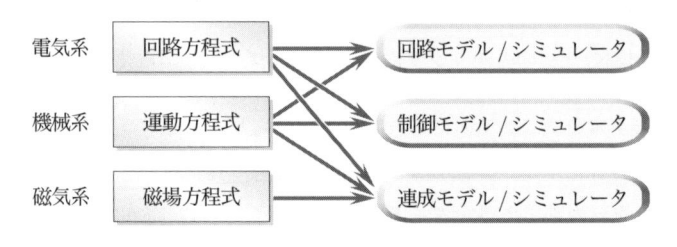

図2.7 モデルとシミュレータの関係

化されている．

- 連成モデル/連成シミュレータ —— 電気系と機械系を統合した環境で解析できる Saber や，回路 CAD の SPICE と制御 CAD の MATLAB の組合せなどがある．PSIM はパワーエレクトロニクスおよびモータ制御に特化した回路 CAD で，単独あるいは磁場解析 CAD や制御 CAD などと連成して使うことができる．

今後は MATLAB/Simulink や SPICE などのソフトウェアを有機的に統合していく動きが進んでいくだろう．

　計算機の発展に伴い，上述のようにさまざまな便利なソフトウェアが開発されている．最も重要なことは，それらのソフトウェアの内容を十分（あるいは少しでも）勉強した上で，ソフトウェアを使い始めることである．特に忙しい企業の技術者は，勉強する時間がとれないことを言い訳にして，ツールが出してきた答えを鵜呑みにしてはいけない．

2.4　システム同定法

　前述したように，対象のモデリングを行う場合，真っ先に考えなければいけないことは第一原理モデリングである．しかし，モービルパワーエレクトロニクスでは，実験的なモデリング法であるシステム同定を適用しやすい．そこで，本節ではシステム同定について簡単にまとめておく[4]．

　システム同定法では，周波数成分を十分多く含む[5]離散時間入力信号（$u(k) : k = 1, 2, \ldots, N$ とおく）を対象に印加し，その応答である出力信号（$y(k)$ とおく）を測定するシステム同定実験を行う．そして，収集された入出力信号 $\{u(k), y(k) : k = 1, \ldots, N\}$ に何らかのシステム同定アルゴリズムを適用して，対象の数学モデルを求める．ここで，数学モデルはノンパラメトリックモデルとパラメトリックモデルに分類できる．

---

[4]. システム同定理論の詳細については，たとえば章末の参考文献 [2] などを参考にしていただきたい．
[5]. PE (Persistently Exciting) 性条件（持続的励振条件）を満たす入力を用いる．

ノンパラメトリックモデルとは，時間応答波形や周波数応答波形といった図面でモデルが表現されているものを指し，たとえばインパルス応答モデル，ステップ応答モデル，周波数応答モデルなどがある．

主なノンパラメトリックモデルと，それに対応するシステム同定法をまとめておこう．

(1) インパルス応答モデル
- **相関法** —— 対象の入出力データから，入出力データの相互相関関数と，入力の分散を計算し，それらに基づいて対象のインパルス応答を推定する方法．

(2) ステップ応答モデル
- **過渡応答法** —— 対象にステップ信号を印加すると，その応答波形はステップ応答になるという単純な方法．ステップ応答波形から，対象の時定数や定常ゲインなどの特性値を読み取ることができ，PID（Proportional, Integral, and Derivative）制御などの古典制御理論のためのモデリング法として重宝されている．

(3) 周波数応答モデル
- **正弦波掃引法** —— 周波数応答の原理に基づく最も基本的な線形システムの同定法である．対象に，ある周波数の正弦波を入力し，その定常応答より，その周波数におけるゲイン・位相特性を求める．そして，その周波数を順々に変化させる（掃引する）ことにより，着目する周波数帯域の周波数応答を求める方法である．計測器として有名なサーボアナライザなどの基本原理である．
- **スペクトル解析法** —— 対象の入出力データから，入出力データの相互スペクトル密度関数と入力のパワースペクトル密度関数を計算し，それらより対象の周波数応答（周波数伝達関数）を推定する方法．

つぎに，パラメトリックモデルとは，伝達関数や状態方程式のように少数個のパラメータでモデルが構成されているものをいう．まず，**伝達関数モデル**（多項式ブラックボックスモデルともいう）について，主な数学モデルとそれに対応するシステム同定法をまとめておこう．

(1) **FIR**（Finite Impulse Response）**モデル** ── このモデルでは，対象の入力信号 $u(k)$ と出力信号 $y(k)$ が

$$y(k) = B(q)u(k) + w(k) \tag{2.1}$$

を満たすと仮定する．ただし，$w(k)$ は白色雑音である．また，

$$B(q) = b_1 q^{-1} + b_2 q^{-2} + \cdots + b_n q^{-n} \tag{2.2}$$

であり，q^{-1} は $q^{-1}u(k) = u(k-1)$ のように時間を推移させる時間シフト演算子である．$\{b_i\}$ は対象のインパルス応答であり，これを**最小2乗法**（least-squares method）を用いて推定する．

(2) **ARX**（Auto-Regressive with eXogenous）**モデル** ── このモデルでは，対象の入出力信号が

$$A(q)y(k) = B(q)u(k) + w(k) \tag{2.3}$$

を満たすと仮定する．ただし，

$$A(q) = 1 + a_1 q^{-1} + \cdots + a_n q^{-n} \tag{2.4}$$

である．ARXモデルのパラメータ $\{a_i, b_i\}$ を最小2乗法，あるいは，**補助変数法**（instrumental variable method）を用いて推定する．

　ARXモデルは多項式ブラックボックスモデルの基本となる重要なモデルであり，システム同定を行う場合，最初に利用する方法はARXモデルを用いた最小2乗法である．

(3) **ARMAX**（Auto-Regressive Moving-Average with eXogenous）**モデル** ── このモデルのパラメータは**予測誤差法**（prediction error method）を用いて推定する．

(4) **BJ**（Box and Jenkins）**モデル** ── このモデルのパラメータも予測誤差法を用いて推定する．

一方，状態空間モデルに対するシステム同定法としては，**部分空間法**（4SID法（SubSpace-based State-Space IDentification method）と呼ばれることもある）が最もよく知られている．

2.5 基幹部品のモデリングの例

本節では，モービルパワーエレクトロニクスの基幹部品であるDC（直流）モータとリチウムイオン二次電池のモデリングについて簡単にまとめる[6]．前者は第一原理モデリングに基づく方法，後者はブラックボックスモデリングに基づく方法でモデリングされる．

2.5.1　DCモータの第一原理モデリング

DCモータ（図2.8）の第一原理モデリングの例を図2.9〜2.12に示す．DCモータは比較的簡単な構造の中に電気回路と機械系を含んでいるため，メカトロニクスの典型的な例として制御工学の教科書にしばしば登場する．各図に示したように，DCモータが従う物理法則

(1) フレミングの右手の法則
(2) フレミングの左手の法則
(3) 相反定理（reciprocity principle，可逆定理）
(4) ニュートンの第二法則（運動方程式）
(5) キルヒホッフの法則（回路方程式）

に基づいて第一原理モデリングを行おう．

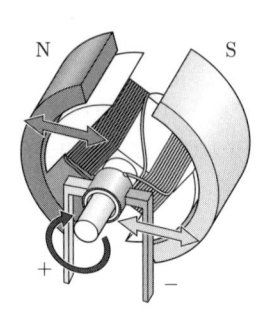

図2.8　DCモータ

---

[6] モータのモデリングについては第6章で，リチウムイオン二次電池のモデリングについては第5章で詳しく説明する．

2.5 基幹部品のモデリングの例

フレミングの右手の法則
$T_m = K_T I$
(K_T：トルク係数〔Nm/A〕)

フレミングの左手の法則
$V_{\mathrm{emf}} = K_E \omega$
(K_E：起電力係数〔Vs/rad〕)

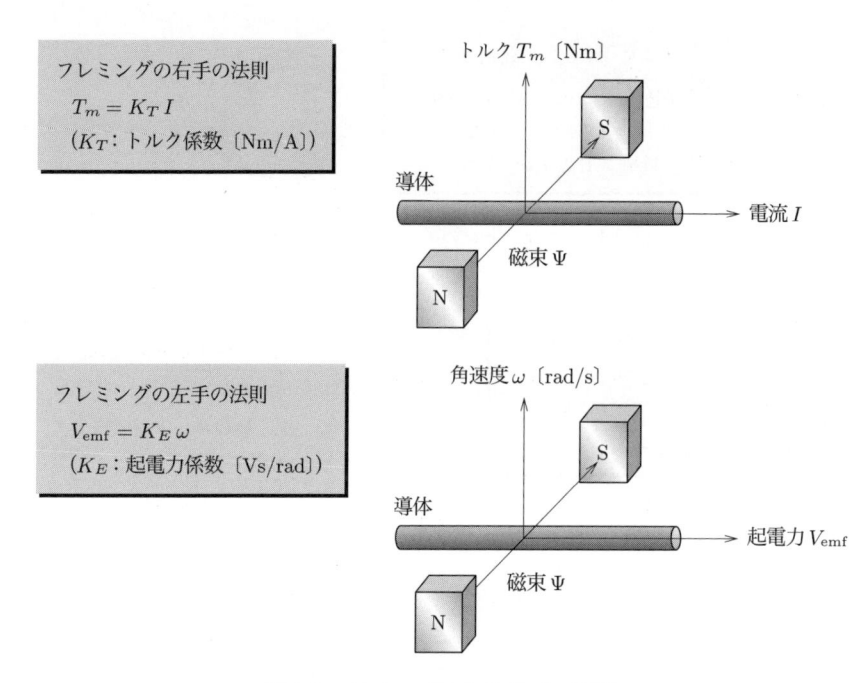

図2.9　フレミングの右手/左手の法則

相反定理（可逆定理）
$K_T = K_E (\equiv K)$
(K：電気機械変換係数)

線形かつ均質な場で広く成り立つ原理

フレミングさんの両手は左右対称

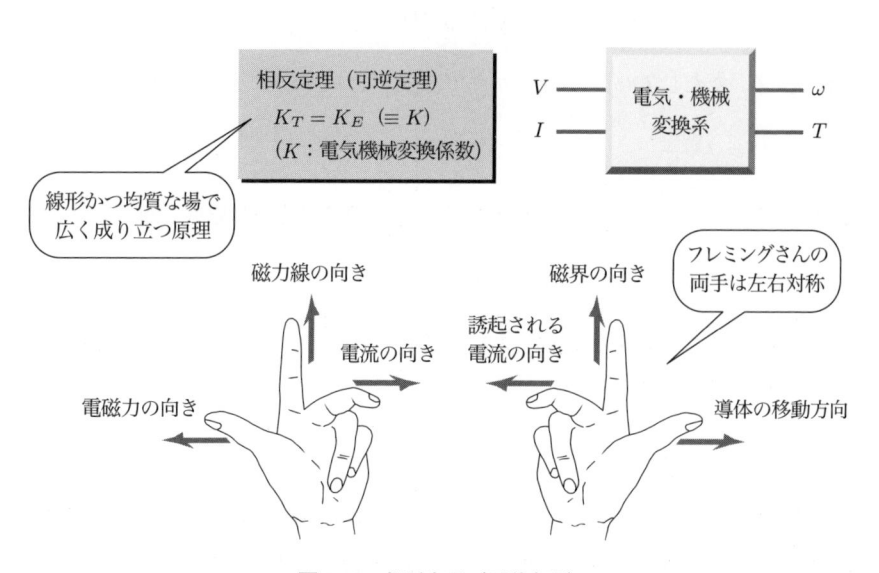

図2.10　相反定理（可逆定理）

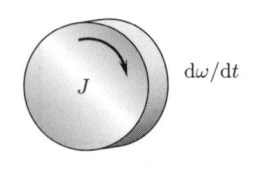

図2.11 ニュートンの第二法則（運動方程式）

ニュートンの第二法則（運動方程式）
$J d\omega/dt = T_m + T_d$ （T_d：外力）
一般的には，$Y_m \omega = T + KI$
（Y_m：機械アドミタンス）

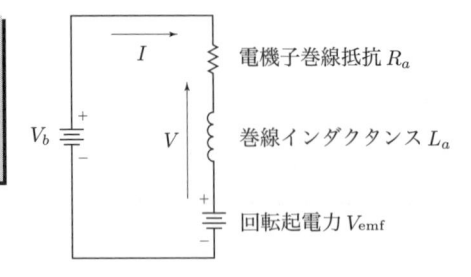

図2.12 キルヒホッフの法則（回路方程式）

キルヒホッフの法則（回路方程式）
$V_b = R_a I + L_a\, dI/dt + V_{\text{emf}}$
一般的には，$V_b = Z_e I + K\omega$
（Z_e：電気インピーダンス）

電機子巻線抵抗 R_a
巻線インダクタンス L_a
回転起電力 V_{emf}

まず，発生トルク T は，界磁磁束と電機子電流 $I(t)$ の関数であり，

$$T(t) = T_m(t) + T_d(t) = K_T I(t) + T_d(t) \tag{2.5}$$

が成立する．ただし $T_d(t)$ は外乱トルクである．このトルクにより機械系が駆動され

$$T(t) = J\frac{d\omega(t)}{dt} \tag{2.6}$$

が成立する．一方，キルヒホッフの電圧則より，電機子電流は電機子回路において，

$$R_a I(t) + L_a \frac{dI(t)}{dt} + V_{\text{emf}}(t) = V_b(t) \tag{2.7}$$

を満たす．ここで，$V_b(t)$ は電機子の端子電圧である．また，$V_{\text{emf}}(t)$ は逆起電力（回転起電力）であり，

$$V_{\text{emf}}(t) = K_E \omega(t) = K_E \frac{d\theta(t)}{dt} \tag{2.8}$$

のように角速度 $\omega(t)$ に比例する．ここで，$\theta(t)$ は角変位である．ここまでは物理法則の世界であったが，これを制御の世界で通じる記述に変換しよう．

DCモータを記述する線形微分方程式において，初期値をゼロとしてラプラス変換

すると，

$$T(s) = K_T I(s) + T_d(s) \tag{2.9}$$

$$T(s) = J s \omega(s) \tag{2.10}$$

$$V_b(s) = R_a I(s) + L_a s I(s) + V_{\mathrm{emf}}(s) \tag{2.11}$$

$$V_{\mathrm{emf}}(s) = K_E \omega(s) \tag{2.12}$$

が得られる．ただし，$T(s) = \mathcal{L}[T(t)]$，$I(s) = \mathcal{L}[IT(t)]$，$T_d(s) = \mathcal{L}[T_d(t)]$，$\omega(s) = \mathcal{L}[\omega(t)]$，$V_b(s) = \mathcal{L}[V_b(t)]$，$V_{\mathrm{emf}}(s) = \mathcal{L}[V_{\mathrm{emf}}(t)]$ とおいた．これらの式から，$T(s)$ と $V_{\mathrm{emf}}(s)$ を消去すると，V_b から θ までの伝達関数 $G(s)$ は，つぎのようになる．

$$G(s) = \frac{\theta(s)}{V_b(s)} = \frac{K_T}{s\{(L_a s + R_a) J s + K_T K_E\}} \tag{2.13}$$

これより図2.13に示したブロック線図（伝達関数モデル）が得られる．伝達関数や

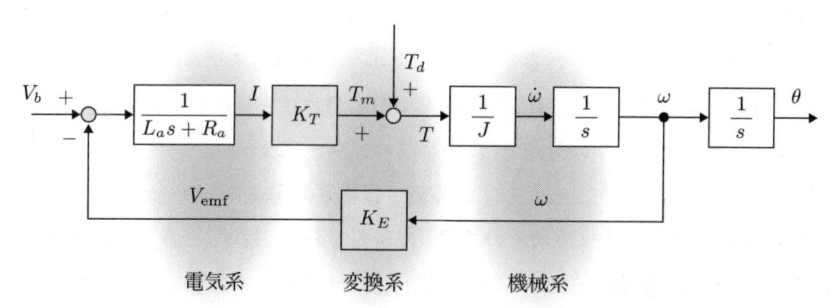

(a) ブロック線図による伝達関数モデル（制御工学的表現）

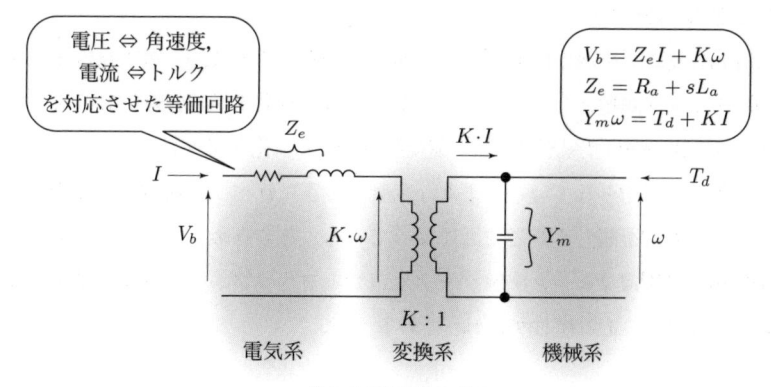

(b) 電気回路モデル

図2.13　DCモータの二つのモデル

ブロック線図が得られれば，フィードバック制御理論を適用することが可能になる．なお，図2.13には，DCモータの2端子対電気回路モデルも併せて示した．

2.5.2 リチウムイオン二次電池のブラックボックスモデリング

リチウムイオン二次電池のような二次電池[7]はモービルパワーエレクトロニクスの基幹部品である．もちろん，二次電池はモービルパワーエレクトロニクスに限らず，ノートパソコン，ディジタルカメラ，携帯電話などの小型電化製品にとっても必要不可欠な構成要素になっている．

電池の充放電特性や温度特性やサイクル寿命などの技術情報は，電池メーカからドキュメント形式，つまりグラフやデータシートで一般に提供されている．しかし，電池の特性がシステムの概念設計において最も重要な情報であることを考慮すると，「回路モデル」や「制御モデル」といった，**モデル**という標準的な形式で，他分野の専門技術者に対して提供されることが望ましい．いわゆるモデルベースとすることで摺り合わせが合理化され，時間効率の悪い打ち合わせを減らすことが可能になる．

従来，二次電池は化学の分野で扱われていたため，数理的なモデリングはほとんど研究されていなかった．しかし，大規模・複雑系の構成要素の一つとして二次電池を見た場合，前述したようにそのモデルは重要であり，近年，二次電池のモデリングに関する研究が急速に進展している．特に，リチウムイオン二次電池のモデルは，SOC（State-Of-Charge，充電率）やSOH（State-Of-Health，健全度）を推定する際に重要な役割を果たす．

二次電池の模式図を図2.14に示した．図からわかるように，二次電池は化学プラントのモデリング問題として捉えることができる．制御工学の分野において，複雑な反応，多変数，強い非線形性，強い温度特性のため，化学プラントはモデリングの難しい対象として知られている．また，変数の多さに比べて，観測可能な物理量が少ないことも問題を難しくする要因になっている．そのため，二次電池も第一原理モデルの構築は困難であり，実験データに基づくブラックボックスモデリング法であるシステム同定の適用検討が行われている．

---

[7] 二次電池（secondary cell）とは，何度も充電が可能な電池（rechargable cell）のことである．

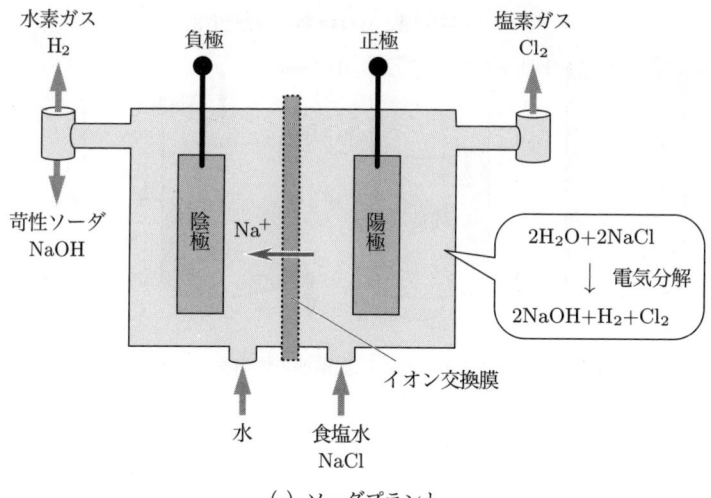

(a) ソーダプラント

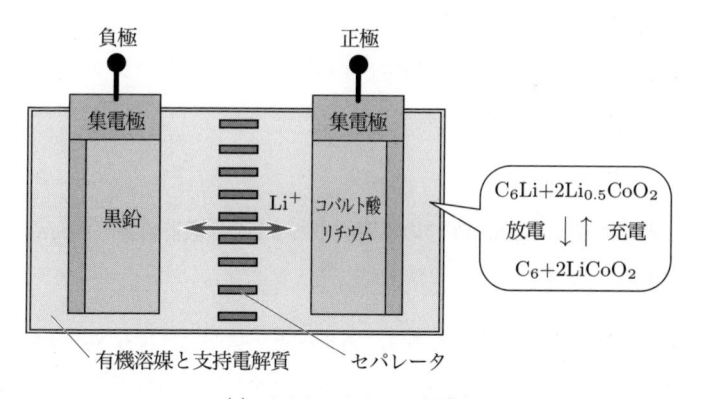

(b) リチウムイオン二次電池

図2.14 リチウムイオン二次電池は小さな化学工場

図2.15を用いてリチウムイオン二次電池の燃料タンクモデルについて説明しよう．図より，リチウムイオン二次電池の重要なパラメータはつぎのようになる．

- **充電率**（SOC）── 燃料タンク内の残量を表す量であり，

$$\mathrm{SOC} = \frac{\mathrm{RC}}{\mathrm{FCC}} \tag{2.14}$$

で与えられる．ただし，RCは**残量**（Remaining Capacity）であり，FCCは**満

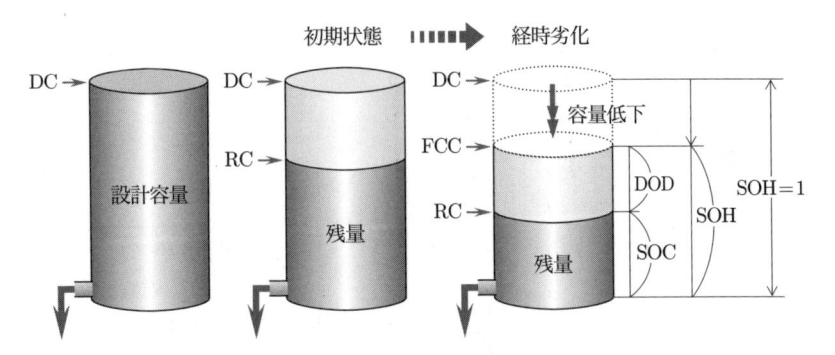

図2.15 リチウムイオン二次電池の燃料タンクモデル

充電容量（Full Charge Capacity）である．SOCの代わりに次式で定義される放電深度（DOD：Depth Of Discharge）が使われることもある．

$$\mathrm{DOD} = 1 - \mathrm{SOC} \tag{2.15}$$

- **健全度（SOH）** ── 電池を使用していくうちに，燃料タンクの容量が小さくなっていくことを表す量であり，

$$\mathrm{SOH} = \frac{\mathrm{FCC}}{\mathrm{DC}} \tag{2.16}$$

で与えられる．ここで，FCCの初期値であるDCは**設計容量**（Design Capacity）を表す．

二次電池を主電源として使うときは，エネルギー状態だけでなく，どれだけ急速に充放電できるか，すなわち，パワーをどれだけ速く出し入れできるかも同様に重要であり，これを示す量を受給可能電力（SOP：State Of Power）と呼ぶ．

残量推定や劣化同定のための二次電池のモデリングについてまとめておこう．

(1) **劣化を考慮しない残量モデル** ── SOCが推定できれば，残量は

$$\mathrm{RC} = \mathrm{SOC} \cdot \mathrm{FCC} \; [\mathrm{Ah}] \tag{2.17}$$

で与えられる．SOCの代わりに放電深度が使われることもある．

(2) **劣化を考慮した残量モデル** ── 劣化によるフル充電量の変化の指標としてSOHを用いると，残量は

$$\mathrm{RC} = \mathrm{SOC} \cdot \mathrm{SOH} \cdot \mathrm{DC} \; [\mathrm{Ah}] \tag{2.18}$$

で与えられる．SOCは内燃機関を使った自動車の燃料残量に相当し，SOHは燃料タンク容量の仮想的な縮小に相当する．

二次電池の残量を推定するために重要な量であるSOHやSOCを，運転中に直接測定することはできない．そこで，図2.15に示した燃料タンクモデルや，等価回路モデルを用意して，その回路定数の変化から電池のパラメータを推定する．二次電池とそのモデルの詳細については第5章を参照されたい．

2.6 移動体のモデリング

2.6.1 車輪移動体，歩行移動体のモデリング

最も簡単な車の6自由度剛体運動モデルを図2.16に示した．図2.17には歩行移動体のモデリングの例（2足歩行と多足歩行）を示した．これらの図に示したように，車輪移動体，歩行移動体のモデリングは，力学的な第一原理に基づいて行われてい

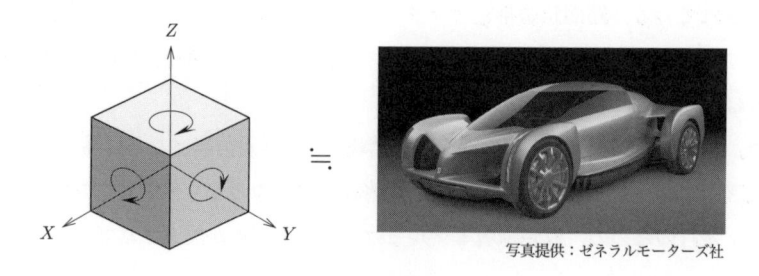

写真提供：ゼネラルモーターズ社

図2.16 車両運動のモデリング

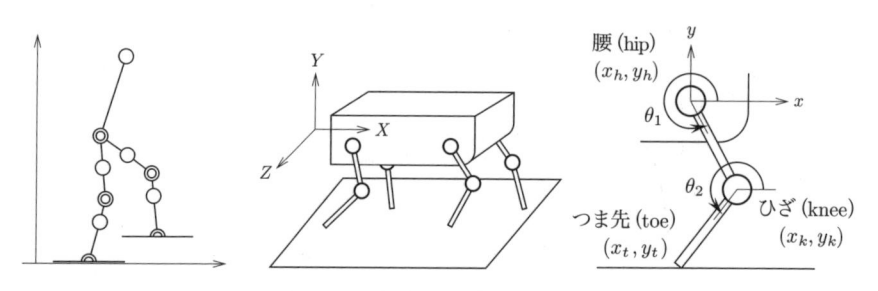

腰 (hip) (x_h, y_h)
つま先 (toe) (x_t, y_t)
ひざ (knee) (x_k, y_k)

図2.17 歩行移動体のモデリング

る．特に，2足歩行のようなロボットの運動では，その力学的挙動を扱う**ダイナミクス** (dynamics, 動力学) と，運動の幾何学的側面を扱う**キネマティクス** (kinematics, 運動学) の両面が重要になる．

構造が比較的簡単であれば，図示したようなメカニカルシステムが従う物理法則によって高精度なモデルが構築できるが，たとえば速度依存の摩擦項など，非線形性の項は，実験データに基づいて推定しなければならない．

2.6.2　移動環境のモデリング

移動体の制御において，路面状態などの移動環境のモデリングも重要な課題である．たとえば，路面が乾いているときと，雨で滑りやすくなっているときでは，移動体の運動特性は大きく異なってしまう．ここで，通常，環境は複雑なため，部分モデルや不完全モデルしか構築できないということに注意しなければならない．

図 2.18 に路面の μ-スリップ率特性を示した．このような移動環境のモデリングでは，路面状態推定オブザーバが提案されており，それに基づくロバスト適応制御系も構成されている．路面状態推定オブザーバは，モデルの出力と実システムの出力の差，すなわちモデル化誤差を外乱と見なす方法であり，一般的には外乱オブザーバと呼ばれている．

また，カメラやレーダ，ナビの道路線形情報，二次元走行履歴などに基づいて，二次元地図上にレーンを平面配置したり，障害物や壁面などを立体配列した自動走行，ロボット走行のための，仮想環境モデルと呼ばれるモデルが提案されている．

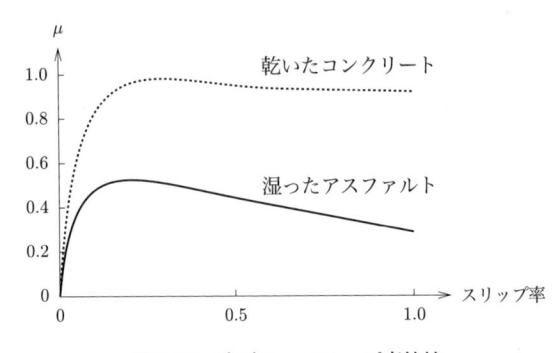

図 2.18　路面の μ-スリップ率特性

2.6.3 人間のモデリング

自動車の運転に制御系を組み込む場合，全体のフィードバックループの中にはドライバーである人間が入ってくる．これは Man-In-the-Loop（MIL）と呼ばれる．そのブロック線図を図 2.19 に示した．MIL は，複雑あるいは曖昧な環境で，高度な判断が必要となる際に生じる状況であり，そのときには人間の動的モデルが必要になる．

人間の動的モデルとして，以下に示すようなモデルが提案されている．

(1) **能動モデル** —— 以下のようなモデルが提案されているが，詳細については省略する．
 - 伝達関数モデル

$$H(s) = \frac{K(T_1 s + 1)}{(T_2 s + 1)(T_3 s + 1)} e^{-T_d s} \tag{2.19}$$

 - 最適制御モデル
 - 反復学習モデル

(2) **受動モデル** —— つぎの筋骨格の機械インピーダンス時変係数モデルが提案されている．

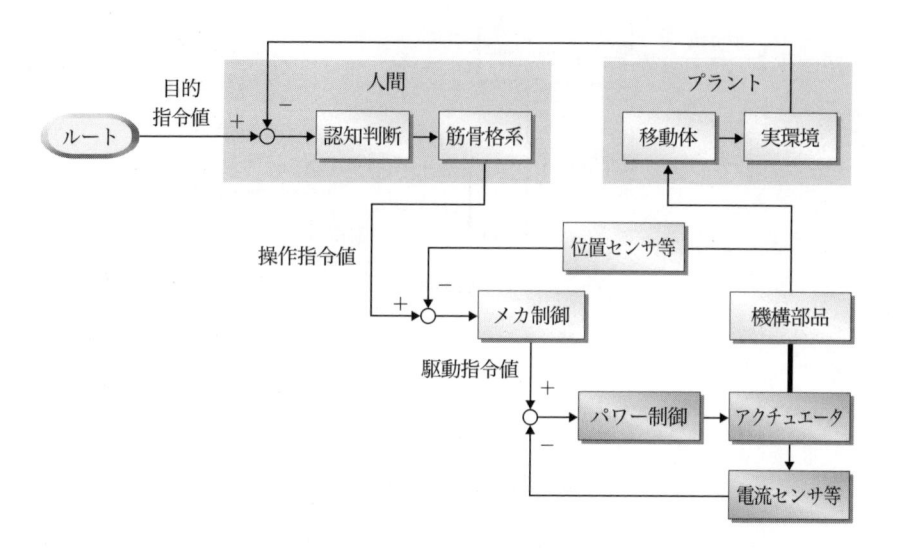

図 2.19　Man-in-the-Loop

$$m(x,t)\frac{\mathrm{d}^2 x(t)}{\mathrm{d}t^2} + c(x,t)\frac{\mathrm{d}x(t)}{\mathrm{d}t} + k(x,t)x(t) = f(t) \tag{2.20}$$

MILよりも単純あるいは限定された環境で，単純な制御動作の場合には，図2.20に示したAgent-In-the-Loop（AIL）という制御構成が考えられる．

さらに，人間と機械が協調作業をするシステムでは，Body-In-the-Loop（BIL）と呼ばれる状況が考えられる．そのブロック線図を図2.21に示した．図では，モータアシストATと呼ばれるシフトレバーのパワーアシストシステムの例[8]を示している．これは，フィードフォワード系のつもりがフィードバック系になっている例である．すなわち，レバーへの操作入力を力覚センサで捉えてフィードフォワード制御する方式をとっているが，操作中はレバーやホイールと人間の手が一体になっている．そのため，アクチュエータの作用によりレバーが動くと操作入力が変わってしまい，意図しないBILが構成されてしまう．すなわち，握り方や握力により，フィードバックゲインが変化してしまう．

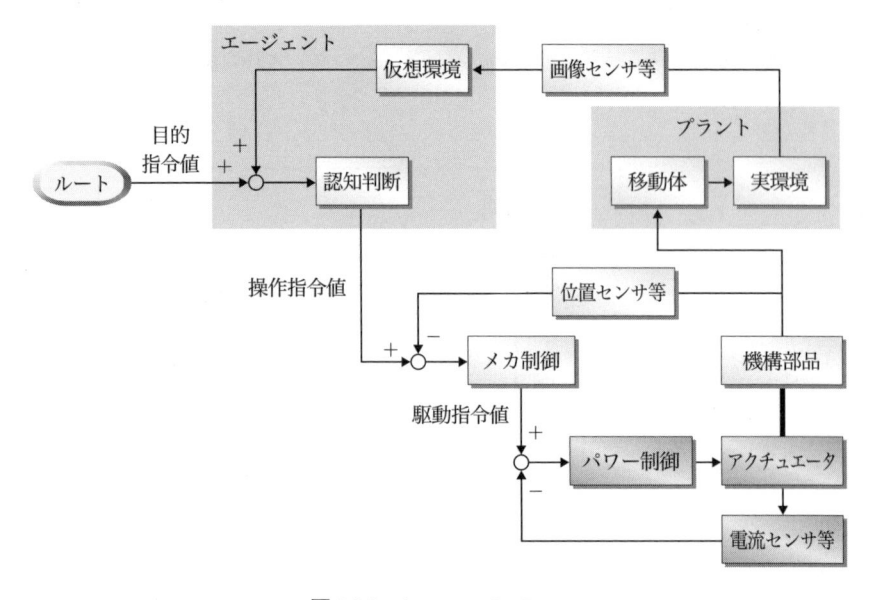

図2.20 Agent-in-the-Loop

---

[8] 自動車のフロントパネルに設置されたシフトレバーは，人間の力だけでシフトチェンジをすることが難しいため，電動でパワーアシストする必要がある．

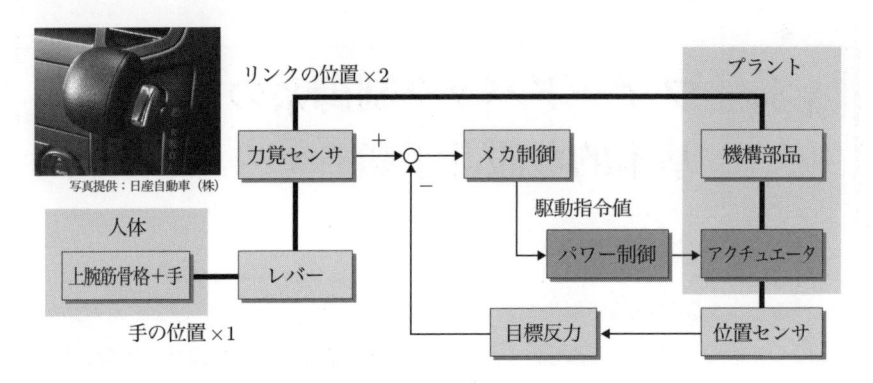

図2.21　Body-in-the-Loop

参考文献

[1] 足立, 廣田：モービル・パワー・エレクトロニクス入門（最終回）——多様な専門技術を結集する全体設計 モデリング手法の活用がカギ, 日経エレクトロニクス, 2007年12月3日号, pp.164–172, 日経BP.

[2] 足立修一：制御のためのシステム同定の基礎, 東京電機大学出版局, 2009年発行予定.

[3] 特集 フレッシュマンのための制御講座, 計測と制御, Vol.42, No.4, pp.238–350, 2003.

[4] 足立修一：MATLABによる制御工学, 東京電機大学出版局, 1999.

第3章 フィードバック制御系の基本的な設計手順

　いわゆる古典制御理論や現代制御理論の講義は，数式ばかり多くてイメージがつかみにくいと思っている読者もいるだろう．実際，制御理論の基礎は，微分方程式，ラプラス変換，複素関数，線形代数などの基礎数学であるため，どうしても数式が多くなってしまい，大学の制御工学の授業は，抽象的で無味乾燥なものであったかもしれない．

　しかし，制御理論は，現実の社会では目に見えるところと見えないところの両方で大きな貢献をしている．エアコンの温度・湿度制御，自動車のエンジン制御，航空機の姿勢制御など，さまざまな制御の実用例を挙げることができる．難解だと言われることが多い制御理論と現実の制御技術の間のギャップは，あまりにも大きく感じられるかもしれない．そのギャップを埋めるために，本章では「倒立振子」という2輪走行システムを具体例にとって，簡単な実験装置に対する制御系設計について解説する．倒立振子は，図3.1に示したように，棒を指で立てることを自動制御により実現する装置である．小学校の掃除の時間にほうきを逆さに立てて遊んだ経験を持つ読者もいるだろう．

図3.1　指で棒を立てる遊び（左）と倒立振子実験装置（右）

3.1 制御系の設計手順

本書ではこれまでモデルベースの重要性を繰り返し述べてきたが,制御系設計においても,制御対象の物理的性質が明確な場合は,**モデルベース制御**(以下ではMBC (Model-Based Control)と略記する)が非常に有効である.特に,本章で取り扱うようなメカニカルシステムの場合,その物理的性質は比較的容易に数式で記述できるので,MBCが活用できる.

図3.2にMBCの標準的な設計手順をまとめた.図において,本章で特に関連する部分を強調した.以下では,倒立2輪ロボットという実際の制御対象が与えられたときに,この設計手順に従ってどのように制御系設計を行っていくのか,すなわち,対象の**モデリング**(modeling),**アナリシス**(analysis),コントローラ**設計**(design),そして**実装**(implementation)について理解を深めることも重要な目的である.それぞれの手順について簡単に説明していこう.

Step 1	構造設計	センサ・アクチュエータの選定,配置
Step 2	モデリング	制御対象の物理モデリング,システム同定
Step 3	アナリシス	制御対象の性質の解析(安定性,減衰特性,定常特性など)
Step 4	制御系設計仕様の決定	仕様の定量的な決定
Step 5	コントローラのデザイン	古典制御,現代制御,ロバスト制御など
Step 6	設計結果の検証	数値シミュレーション,パイロットプラント実験
Step 7	コントローラの実装化	
Step 8	現場調整	コントローラパラメータのチューニング

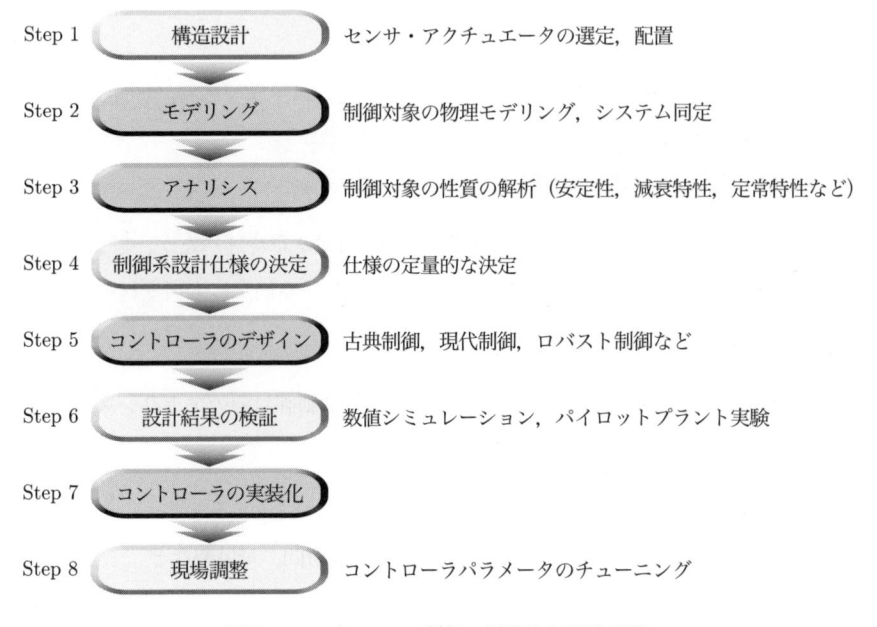

図3.2 モデルベース制御の標準的な設計手順

Step 1：構造設計

　まず，構造設計では，対象の構造を決め，センサやアクチュエータなどのハードウェアの選定とその配置を行う．従来の全体設計では，対象の構造が最初に決められている場合が多かった．第2章で述べたように，たとえば自動車の設計では，デザイン（意匠）/ファッション性が重要なので，「走る」「曲がる」「止まる」などの機能設計よりも，車の構造が先に決まるケースが一般的である．そして，限定された構造のもとで，制御などを用いて機能設計を行うことになる．理想的には，構造設計の段階から制御エンジニアが議論に加わり，対象を制御にとっても良い構造にするような仕組みが必要である．構造と制御の同時設計という研究も行われているが，機械出身の構造屋さんと，電気/機械あるいは応用数学の制御屋さんとが現場での摺り合わせを行うようになるためには，まだ時間がかかるかもしれない．

Step 2：モデリング

　このステップでは制御対象の数学モデルを構築する．制御系のための数学モデルとしては，

- 外部記述（入出力関係）―― インパルス応答，ステップ応答，伝達関数，周波数伝達関数
- 内部記述 ―― 状態方程式

などが一般的である．モデリングの概要については第2章で述べたが，制御系設計のためのモデリング法は，第一原理モデリングとシステム同定に大別される．

Step 3：アナリシス

　制御対象のモデルが得られたら，つぎに行うことは制御対象のアナリシス（解析）であり，

- 安定性
- 過渡特性 ―― 立ち上がり時間，時定数，整定時間，帯域幅など
- 定常特性 ―― 定常偏差

などについて調べることになる．古典制御理論の時代から，アナリシスについては詳しく研究されている．

Step 4：制御系設計仕様の決定

これは，構成したい（フィードバック）制御系の特性を，具体的な数値で規定するステップである．たとえば，「応答の速い制御系を設計したい」といった定性的な表現ではなく，「閉ループシステムの帯域幅が100 Hzの制御系を設計したい」といった定量的な表現で，制御性能仕様を与える．

Step 5：コントローラのデザイン

コントローラのデザイン（設計）は，制御系設計のメインイベントである．代表的な設計法としては，以下のようなものがある．

- 古典制御理論 —— PID制御，位相進み/遅れ補償など
- 現代制御理論 —— 最適レギュレータ/サーボ系，極配置法など
- ポスト現代制御理論 —— ロバスト制御（$\mathcal{H}_\infty$最適制御），モデル予測制御など

本章では，現代制御理論による制御系設計法について述べる．

Step 6：設計結果の検証

Step 5で設計されたコントローラの性能を検証するために，制御系設計用ソフトウェア（たとえばSimulink）を用いた数値シミュレーションを行う．この際，シミュレータ内では制御対象の詳細モデル（より現実的なモデル）を用いる．一方，制御系設計は，詳細モデルを簡単化した公称モデル（そして，ロバスト制御の場合には，その不確かさのモデル）を用いる．

Step 7：コントローラの実装化

設計したコントローラの有効性を計算機上で検証できたならば，つぎは実機にコントローラを実装した試験を行うことになる．近年では，MATLAB/Simulinkなどのソフトウェアで作成したプログラムをDSPに実装するためのツールが，豊富に取り揃えられている．

Step 8：現場調整

以上のステップでコントローラの実装が終了するが，現実には，大量の製品を生産する場合には，それぞれの製品にバラツキが生じるし，その製品が利用される環境も

異なってくる．したがって，その製品が利用される現場における制御系の調整（tuning）が必要になる場合が多い．また，定期的な保守（maintenance）も必要になる．

3.2　簡単な倒立振子の制御系設計

倒立2輪ロボットに対する設計を行う前に，本節では，図3.3に示した，棒を指で立てる簡単な倒立振子問題に対して，制御系設計の手順を与えよう．

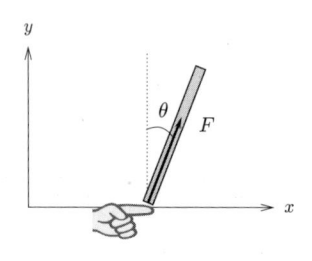

図3.3　倒立振子の制御問題

3.2.1　問題の説明

まず，この実験に関連する量についてまとめておこう．棒の長さをl，質量をmとする．指は水平方向（x方向）にのみ動き，上下方向（y方向）には動かないものとする．棒への制御入力（$u(t)$とする）は，指の水平方向の加速度とする．すなわち，

$$u(t) = \ddot{x}(t) \tag{3.1}$$

とする[1]．また，図中に示したように，指から棒へ働く力を$F(t)$とする．棒が鉛直方向からずれた角度を$\theta(t)$とする．ここで，角度$\theta(t)$，指の変位$x(t)$，そして力$F(t)$はすべて時間の関数であることに注意する．

以上の準備の下で，ここでの制御目的は，指を水平方向に左右に動かすことによって，角度$\theta(t)$を0に保つことである．このような制御問題は**レギュレータ**（regulator）問題と呼ばれる．

---

[1] 加速度が入力というと奇妙に思うかもしれないが，加速度に質量を乗ずると力になるので，力を入力すると思えばよい．

3.2.2　倒立振子の第一原理モデリング

倒立振子の運動は物理法則に従うので，第一原理モデリングによってモデリングを行う．以下では，棒の重心の位置

$$\left(x + \frac{l}{2}\sin\theta, \ \frac{l}{2}\cos\theta\right)$$

において，**ニュートンの運動方程式**を立てることから始めよう．なお，以下では時間 t の表記を省略する．

運動方程式の x 成分と y 成分は，それぞれつぎのようになる．

$$F\sin\theta = m\frac{\mathrm{d}^2}{\mathrm{d}t^2}\left(x + \frac{l}{2}\sin\theta\right) \tag{3.2}$$

$$F\cos\theta - mg = m\frac{\mathrm{d}^2}{\mathrm{d}t^2}\left(\frac{l}{2}\cos\theta\right) \tag{3.3}$$

ただし，g は重力加速度である．また，x の並進運動については右側を正にとり，θ の回転運動については反時計回りを正にとった．それぞれの式の右辺の2階微分を計算すると，

$$F\sin\theta = mu + \frac{ml}{2}\left(\ddot\theta\cos\theta - \dot\theta^2\sin\theta\right) \tag{3.4}$$

$$F\cos\theta - mg = \frac{ml}{2}\left(-\ddot\theta\sin\theta - \dot\theta^2\cos\theta\right) \tag{3.5}$$

が得られる．ここで，$u = \ddot x$ を利用した．これらの式において，力 F はわれわれが導入した量なので，式 (3.4)，(3.5) から F を消去すると，

$$\frac{l}{2}\ddot\theta - g\sin\theta = -u\cos\theta \tag{3.6}$$

が得られる．この式は，制御入力信号 u と制御出力信号 θ を関係づける**ダイナミカルシステム**（dynamical system）を記述したものである（図3.4を参照）．

図3.4　ダイナミカルシステムとして見た倒立振子

残念ながら $\sin\theta$, $\cos\theta$ という非線形項が存在するので，式 (3.6) は**非線形微分方程式**である．このままでは，これまで制御工学の授業で学んできた線形制御理論に関する知識では解決できない．

非線形関数をテイラー級数展開し，一次（線形）の項と定数項で近似することを**線形化**という．そこで，$\sin\theta$, $\cos\theta$ を $\theta \approx 0$ と仮定して線形化すると，次式が得られる．

$$\sin\theta \approx \theta, \quad \cos\theta \approx 1 \tag{3.7}$$

式 (3.7) を式 (3.6) に代入すると，

$$\frac{l}{2}\ddot{\theta} - g\theta = -u \tag{3.8}$$

が得られる．これは**線形微分方程式**であり，ようやく制御工学の教科書に書かれているような形になった．なお，通常は出力は y と表記されるが，ここでは θ を用いていることに注意する．

対象を記述する線形微分方程式が与えられたら，制御工学においてつぎに行う作業は，初期値をゼロとしてそれを**ラプラス変換**し，**伝達関数** (transfer function) を求めることである．すると，

$$\left(\frac{l}{2}s^2 - g\right)\Theta(s) = -U(s)$$

が得られる．ただし，$\Theta(s) = L[\theta(t)]$, $U(s) = L[u(t)]$ とおいた（$L[\cdot]$ はラプラス変換を表す）．したがって，加速度（入力）から角度（出力）までの伝達関数は，つぎのようになる．

$$G(s) = \frac{\Theta(s)}{U(s)} = \frac{-\dfrac{l}{2}}{s^2 - \dfrac{2g}{l}} \tag{3.9}$$

この伝達関数を図 3.5 に示した．伝達関数の分子におけるマイナス符号が気になるかもしれない．これは指を右側（正の方向）に動かすと，棒の角度は時計回り（負の方向）に，すなわち逆に動くことによるものである．

式 (3.9) の伝達関数から，ここで考えている倒立振子は**二次系**なので，二つの**状態変数** (state variable)

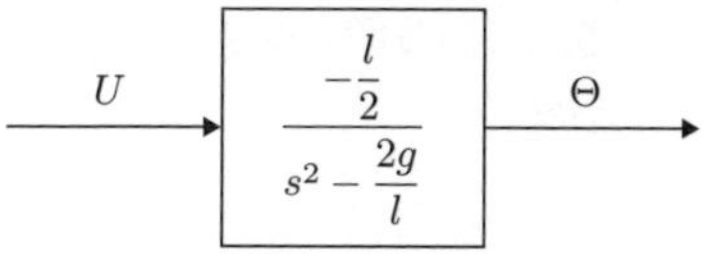

図3.5 倒立振子の伝達関数表現

$$x_1(t) = \theta(t) \quad [\text{角度}] \tag{3.10}$$
$$x_2(t) = \dot{\theta}(t) \quad [\text{角速度}] \tag{3.11}$$

を用いて，**状態空間表現**（state-space representation）できる．まず，

$$\dot{x}_1(t) = x_2(t)$$

であり，式 (3.8) より次式が得られる．

$$\frac{l}{2}\dot{x}_2(t) - gx_1(t) = -u(t) \quad \rightarrow \quad \dot{x}_2(t) = \frac{2}{l}\{gx_1(t) - u(t)\}$$

これらの式より，つぎの状態方程式が得られる．

$$\frac{\mathrm{d}}{\mathrm{d}t}\begin{bmatrix} x_1(t) \\ x_2(t) \end{bmatrix} = \begin{bmatrix} 0 & 1 \\ \frac{2g}{l} & 0 \end{bmatrix} \begin{bmatrix} x_1(t) \\ x_2(t) \end{bmatrix} + \begin{bmatrix} 0 \\ -\frac{2}{l} \end{bmatrix} u(t) \tag{3.12}$$

$$y(t) = \begin{bmatrix} 1 & 0 \end{bmatrix} \begin{bmatrix} x_1(t) \\ x_2(t) \end{bmatrix} \tag{3.13}$$

なお，ここでは角度 $\theta(t)$ のみがセンサにより測定可能であるとした．

SISO（Single-Input, Single-Output, 1入力1出力）システムに対する状態方程式の一般形をつぎに与えよう．

❖ Point 3.1 ❖　状態方程式の一般形（確定的な場合）

連続時間システムの入力を $u(t)$，出力を $y(t)$ とするとき，その SISO システムはつぎの状態方程式で記述できる．

$$\frac{\mathrm{d}}{\mathrm{d}t}\boldsymbol{x}(t) = \boldsymbol{A}\boldsymbol{x}(t) + \boldsymbol{b}u(t), \quad \boldsymbol{x}(0) = \boldsymbol{x}_0 \tag{3.14}$$
$$y(t) = \boldsymbol{c}^T\boldsymbol{x}(t) + du(t) \tag{3.15}$$

ただし，$\boldsymbol{x}(t)$ は $n \times 1$ 状態ベクトルである．また，$\boldsymbol{A}$ は $n \times n$ 行列，$\boldsymbol{b}$ と $\boldsymbol{c}$ は $n \times 1$ 行列（列ベクトル）であり，d はスカラである．

このポイントより，ここで考えている倒立振子では，システム行列 (A, b, c, d) はそれぞれ次式のように与えられる．

$$A = \begin{bmatrix} 0 & 1 \\ \frac{2g}{l} & 0 \end{bmatrix}, \quad b = \begin{bmatrix} 0 \\ -\frac{2}{l} \end{bmatrix}, \quad c^T = \begin{bmatrix} 1 & 0 \end{bmatrix}, \quad d = 0 \tag{3.16}$$

なお，現代制御理論において状態空間表現を用いる大きな利点は，SISO システムだけでなく，MIMO（Multi-Input, Multi-Output，多入力多出力）システムへの拡張が容易であることだが，本節での説明は SISO システムに限定する．

状態空間表現と伝達関数に間には，つぎの関係が成り立つ．

❖ **Point 3.2** ❖　状態空間表現と伝達関数の関係

状態空間表現のシステム行列 (A, b, c, d) が与えられたとき，次式より伝達関数を計算できる．

$$G(s) = c^T(sI - A)^{-1}b + d \tag{3.17}$$

ここで，状態空間表現から伝達関数への変換は一意的であるが，その逆の変換は一意的でないことに注意する．すなわち，伝達関数に対応する状態空間表現は無数存在する．

以上で示してきたように，制御対象が与えられたとき，その物理的な性質を考慮して数学モデル（ここでは伝達関数と状態方程式であったが）を求める作業を第一原理モデリングといい，これは制御系設計における重要な第一歩である．現実のシステムを制御する場合には，通常，このモデリングは時間がかかる難しい作業である．第一原理モデリングが困難な場合には，対象の入出力データから統計的な手法を用いてモデリングを行うシステム同定が，制御系設計では用いられる．ひとたび数学モデルを求めることができれば，これは現実の制御対象を制御の世界の言葉へ翻訳したものと考えることができるので，あとは潤沢な制御理論の成果を利用することができる．

なお，ここでは非常に単純な倒立振子を仮定した．そのため，作用・反作用に着目して運動方程式を立てる方法を用いて状態方程式を導出できた．しかし，この作用・反作用が複雑に絡み合ってくると，この方法の適用は困難になる．そのような

場合，力学系のエネルギーに着目したラグランジュの運動方程式を用いると便利である．ラグランジュ力学とは，ニュートン力学を再定式化した解析力学の一形式であるが，ここではその詳細についての説明は省略する．

3.2.3 倒立振子のアナリシス

前項で得られた倒立振子の数学モデルを用いて，倒立振子の性質について調べていこう．

(a) 安定性

式 (3.9) の伝達関数の分母多項式の根，すなわち極の位置を調べることによって，このシステムの**安定性**（stability）を調べることができる．すなわち，**特性方程式**（characteristic equation）

$$s^2 - \frac{2g}{l} = 0$$

を解くと，極は，

$$s = \pm\sqrt{\frac{2g}{l}} \tag{3.18}$$

となる．これより，s 平面の右半平面に一つの不安定極

$$s^+ = \sqrt{\frac{2g}{l}} \tag{3.19}$$

を持つことがわかる（図 3.6 を参照）．したがって，この倒立振子システムは不安定である．

(b) 可制御性と可観測性

現代制御理論の枠組みで，システムを状態空間表現でモデリングする利点は多数ある．その中で，システムが制御可能かという**可制御性**（controllability）と，システムが観測可能かという**可観測性**（observability）が調べられることは，大きな利点である．

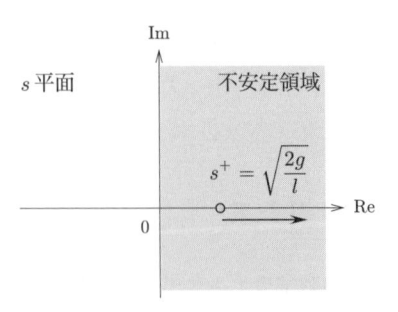

図3.6 s平面上の不安定極

✤ Point 3.3 ✤ 可制御行列と可制御性，可観測行列と可観測性

ここで考えている倒立振子の例では，**可制御行列** U_c と**可観測行列** U_o はそれぞれつぎのように与えられる．

$$U_c = \begin{bmatrix} b & Ab \end{bmatrix}, \quad U_o = \begin{bmatrix} c^T \\ c^T A \end{bmatrix} \tag{3.20}$$

この例では対象が二次系なので，それぞれの行列の要素は二つしかないことに注意する．

U_c がフルランク（この場合は2）のとき，可制御である．同様に，U_o がフルランク（この場合は2）のとき，可観測である．

いま考えているシステムの可制御行列と可観測行列のランクは，それぞれつぎのようになる．

$$\text{rank}\,U_c = \text{rank} \begin{bmatrix} 0 & -2/l \\ -2/l & 0 \end{bmatrix} = 2$$

$$\text{rank}\,U_o = \text{rank} \begin{bmatrix} 1 & 0 \\ 0 & 1 \end{bmatrix} = 2$$

したがって，このシステムは可制御・可観測である．この結果より，ここで考えている倒立振子は可制御であるので，状態フィードバック制御により安定化することができる．

(c) 制御のしやすさ

不安定極の位置と制御のしやすさの関係について調べよう．不安定極の位置 s^+ が原点から離れていくと，$e^{s^+ t}$（**モード**と呼ばれる）は短時間で無限大に発散してしまう．したがって，「原点からの距離が遠い不安定極ほど制御が難しい」ことが直観的に理解できるだろう．式 (3.19) より，不安定極の位置は，重力加速度 g（一定値）と棒の長さ l の関数である．よって，棒の長さが短ければ短いほど，制御は難しいことがわかる．これは，たとえば 1 m のほうきを立てることは容易だが，15 cm くらいのシャープペンシルを立てることは，とても難しいということを制御理論的に説明したものである．すなわち，

> ♣ **Point 3.4** ♣　棒の長さと立てやすさ
>
> 長い棒ほど倒立させやすい．

また，重力加速度の大きさが 1/6 の月面上のほうが，棒は立てやすいことがわかる．

それでは，人間はだいたいどのくらいの長さの棒であれば，立てることができるのだろうか？　それを調べるためには，人間の指（手）がアクチュエータとしてどの程度の能力を持っているかを知る必要がある．どうがんばっても人間の手では 1 秒間に数回の動きを正確にすることは難しいだろう．すなわち，手の**バンド幅**（帯域幅）は数 Hz 以下であると考えてよいだろう．逆に言うと，これ以上速い動きに追従することはできない．

一方，倒立振子システムの**折点角周波数**（ほぼバンド幅に等しい）ω_c は，式 (3.9) より

$$\omega_c = \sqrt{\frac{2g}{l}}$$

となる．これが 10 rad/s ($\approx$ 1.6 Hz) と等しいとすると，$l \approx 20$〔cm〕が得られる．これより，20 cm より短い棒は，人間にとっては立てにくいことがわかる．一方，1 m の棒の場合にはバンド幅は約 4.5 rad/s ($\approx$ 0.7 Hz) となるので，通常の人であったら制御可能な周波数帯域に入る．

自動制御システムを設計する場合，短い棒が制御対象のときには，人間よりもバンド幅が高いアクチュエータ（この場合はモータ）を利用すればよい．このように，

制御対象の数学モデルに基づいて対象のアナリシスを行えば，どの程度のアクチュエータが必要なのか，あるいはどの程度のセンサが必要なのかという質問に対して，定量的に答えることができる．これは制御理論が持つ大きな能力の一つである．

3.2.4 現代制御理論による倒立振子のコントローラ設計

以下では振子の長さを $l = 20$ [cm] とした場合について，現代制御理論を用いてフィードバックコントローラを設計する．このとき，状態方程式の $\boldsymbol{A}, \boldsymbol{b}$ はそれぞれつぎのようになる．

$$\boldsymbol{A} = \begin{bmatrix} 0 & 1 \\ 100 & 0 \end{bmatrix}, \quad \boldsymbol{b} = \begin{bmatrix} 0 \\ -10 \end{bmatrix} \tag{3.21}$$

ただし，$g \approx 10$ [m/s^2] とした．このとき，制御対象の極は，

$$\lambda^2 - 100 = 0 \quad \rightarrow \quad \lambda = \pm 10$$

であり，安定な極 -10 と不安定な極 10 が存在する．

(a) 極配置法による状態フィードバック則の設計

現代制御では，状態変数をフィードバックすることによって**制御則**（control law）を決定する．すなわち，

$$u(t) = -\boldsymbol{f}^T \boldsymbol{x}(t) \tag{3.22}$$

とする．ただし，$\boldsymbol{f}$ はフィードバックゲインベクトルである．このフィードバック制御則を制御対象の状態方程式

$$\frac{\mathrm{d}}{\mathrm{d}t}\boldsymbol{x}(t) = \boldsymbol{A}\boldsymbol{x}(t) + \boldsymbol{b}u(t)$$

に代入すると，

$$\frac{\mathrm{d}}{\mathrm{d}t}\boldsymbol{x}(t) = \boldsymbol{A}\boldsymbol{x}(t) - \boldsymbol{b}\boldsymbol{f}^T\boldsymbol{x}(t) = (\boldsymbol{A} - \boldsymbol{b}\boldsymbol{f}^T)\boldsymbol{x}(t) \tag{3.23}$$

が得られる．これが閉ループシステムの状態方程式である．

フィードバックゲインベクトル $\boldsymbol{f}$ を適切に選ぶことによって，行列 $(\boldsymbol{A} - \boldsymbol{b}\boldsymbol{f}^T)$ の固有値（**閉ループ極**と呼ばれる）をすべて s 平面の左半平面に配置することができれ

ば，状態変数 x は，時刻 t が無限大に向かうとき，$\mathbf{0}$ に向かう．すなわち，レギュレータ問題の制御目的が達成される．このようなことができるかどうかを規定した概念が，前述した可制御性である．ここで考えているシステムは可制御であったので，状態フィードバックによって，不安定な極を安定な部分に移動することができる．

そこで，フィードバックゲインベクトルを，

$$\boldsymbol{f} = \begin{bmatrix} f_1 \\ f_2 \end{bmatrix}$$

とおいて，閉ループ極を計算しよう．行列 $\boldsymbol{A} - \boldsymbol{b}\boldsymbol{f}^T$ は

$$\boldsymbol{A} - \boldsymbol{b}\boldsymbol{f}^T = \begin{bmatrix} 0 & 1 \\ 100 & 0 \end{bmatrix} - \begin{bmatrix} 0 \\ -10 \end{bmatrix} \begin{bmatrix} f_1 & f_2 \end{bmatrix} = \begin{bmatrix} 0 & 1 \\ 100 + 10f_1 & 10f_2 \end{bmatrix}$$

となるので，特性方程式はつぎのようになる．

$$\lambda^2 - 10f_2\lambda - (100 + 10f_1) = 0 \tag{3.24}$$

制御対象の極は -10 と 10 だったので，図3.7に示すように，状態フィードバックによって不安定な極10を左半平面に移動させよう．

いま，閉ループシステムは二次系なので，二次系の標準形

$$\frac{\omega_n^2}{s^2 + 2\zeta\omega_n s + \omega_n^2} \tag{3.25}$$

の分母多項式と特性多項式の係数を比較することにより，閉ループ系の特性を規定することができる．ここで，ω_n は固有角周波数，ζ は減衰係数である．たとえば，$s = -10$ に二つの閉ループ極を配置する場合は，

$$(\lambda + 10)^2 = \lambda^2 + 20\lambda + 100 \tag{3.26}$$

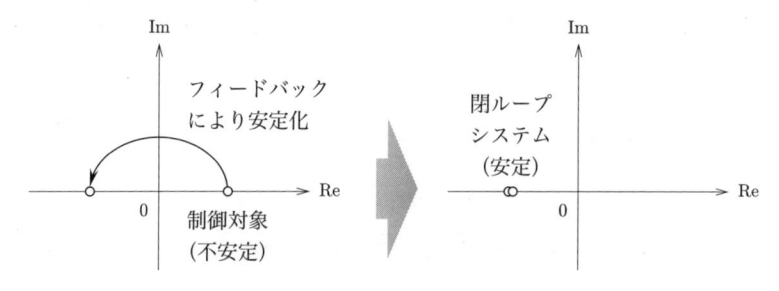

図3.7 フィードバックによる安定化

なので，$\omega_n = 10$, $\zeta = 1$ という閉ループ特性を指定することに対応する．これは負の実軸に二重根を持つので，臨界制動に対応する．

式 (3.24) と式 (3.26) が等しくなるように係数比較を行うと，

$$f_1 = -20, \quad f_2 = -2 \tag{3.27}$$

が得られる．このように，望ましい閉ループ極の位置を指定し，恒等式を解くことによってフィードバック制御則を求める方法を，**極配置法**（pole assignment method）という．この方法は，制御対象が低次の場合には有効な設計法である．特に，この例は二次系であったので簡単な恒等式を解くことで制御則が求められたが，三次系以上の高次の場合には，**アッカーマンの方法**などを用いて制御則を計算する．

(b) オブザーバによる状態変数の推定

前項の結果より，状態フィードバック制御則は，

$$u(t) = -f_1 x_1(t) - f_2 x_2(t) \tag{3.28}$$

の形式で与えられることがわかった．ここで $x_1(t)$ は角度であり，これは測定可能である．一方，$x_2(t)$ は角速度であるが，いまこれを測定するセンサは取り付けられていない．したがって，状態フィードバックを実現するためには，何らかの方法で状態変数 $x_2(t)$ を推定する必要がある．

真っ先に思いつく方法は，測定された角度を微分して角速度を計算することであるが，微分演算は高域通過フィルタ特性を持つため[2]雑音に弱く，できればこの方法は避けたい．このようなとき，現代制御の世界では**オブザーバ**（observer，**状態観測器**）を利用する．

状態 $\boldsymbol{x}(t)$ の推定値を $\widehat{\boldsymbol{x}}(t)$ とする．オブザーバとは，次式に従って状態を推定する状態推定器である．

$$\frac{\mathrm{d}}{\mathrm{d}t}\widehat{\boldsymbol{x}}(t) = (\boldsymbol{A} - \boldsymbol{k}\boldsymbol{c}^T)\widehat{\boldsymbol{x}}(t) + \boldsymbol{k}y(t) + \boldsymbol{b}u(t) \tag{3.29}$$

ただし，$\boldsymbol{k}$ は推定の速さを決定する**オブザーバゲイン**である．詳細についての説明は省略するが，行列 $(\boldsymbol{A} - \boldsymbol{k}\boldsymbol{c}^T)$ の固有値（これをオブザーバの極と呼ぶ）を s 平面上

---

[2] 微分器の周波数特性を思い出そう．

の任意の位置に配置できることがオブザーバを設計できるための条件となる．この条件が，前述した可観測性の条件である．

式 (3.29) で与えたオブザーバのブロック線図を，対象システム（プラント）のブロック線図とともに，図 3.8 に示した．図より明らかなように，オブザーバはプラントと同じ構造をしている．そして，プラントとオブザーバの出力の差（すなわち，出力推定誤差）にオブザーバゲインを乗じて，オブザーバに入力する構成をとっている．この事実から明らかなように，オブザーバが精度良く動作するかは，プラントモデルの精度に大きく依存する．したがって，オブザーバもモデルベースアプローチである．また，観測可能な量とプラントモデルに基づいて，観測できない量を推定することから，オブザーバはある種のセンサの役割を果たしており，**ソフトセンサ**とも呼ばれている．

オブザーバの極をどこに配置するかがつぎの問題になる．左半平面であれば，状態推定値は時間の経過とともに真値に収束するが，状態フィードバック制御は状態変数をフィードバックしているので，状態推定値はできるだけ速く真値に収束してほしい．そこで，レギュレータの極よりもオブザーバのそれをやや左側に配置することが一般的である．この様子を図 3.9 に示した．

倒立振子の例において，オブザーバの極を $-15 \pm j10$ とした場合のオブザーバゲイン

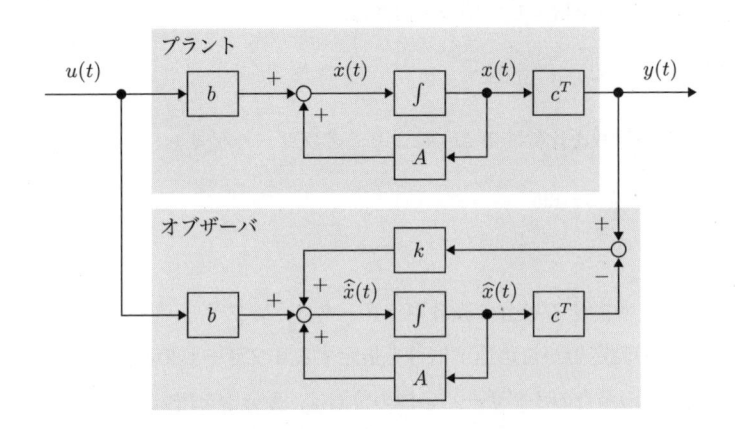

図 3.8 オブザーバのブロック線図

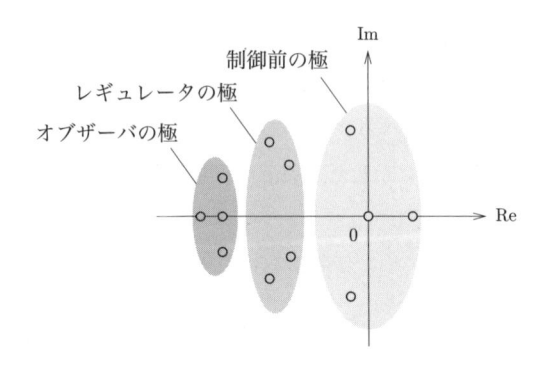

図3.9 レギュレータとオブザーバの極配置

$$\bm{k} = \left[\begin{array}{c} k_1 \\ k_2 \end{array}\right]$$

を計算してみよう．$(\bm{A} - \bm{k}\bm{c}^T)$ を計算すると，次式を得る．

$$\left[\begin{array}{cc} -k_1 & 1 \\ 100 - k_2 & 0 \end{array}\right]$$

この特性多項式は

$$\lambda^2 + k_1 \lambda + (k_2 - 100)$$

であり，$-15 \pm j10$ を根として持つ多項式は，

$$\lambda^2 + 30\lambda + 325$$

なので，両者の係数を比較することにより，オブザーバゲイン

$$k_1 = 30, \quad k_2 = 425$$

が得られる．

　オブザーバを設計する場合の設計パラメータは，オブザーバ極の位置である．いま，角度信号の測定値から角速度信号を推定するオブザーバの設計問題を考えているが，結局，この場合のオブザーバの極の位置は，微分器を用いて角度から角速度を求める直観的な方法における微分器の特性に指定することに対応する．

(c) 最適レギュレータ

二次形式の評価関数

$$J = \int_0^\infty \left[\boldsymbol{x}^T(t)\boldsymbol{Q}\boldsymbol{x}(t) + ru^2(t) \right] \mathrm{d}t \tag{3.30}$$

を考える．ここで，$\boldsymbol{Q}$ は半正定値行列で，状態に対する重み行列である．また，r（>0）は入力に対する重みである．このとき，J を最小にする状態フィードバックゲイン $\boldsymbol{f}$ を求める問題を，LQ（Linear Quadratic，線形二次）**最適レギュレータ**問題と呼ぶ．

この評価関数 J の意味について簡単に説明しておこう．J の右辺は二つの項から構成されている．第1項は制御性能に関する項であり，第2項は制御するために必要な制御入力に関する項である．性能を良くするためには，制御入力をたくさん使う必要がある．反対に制御入力を小さくすると，制御性能は低下する．すなわち，第1項を小さくしようとすると第2項が大きくなり，逆に第2項を小さくしようとすると第1項が大きくなるという，両者は相反する要求であることがわかる．制御工学の基本は，相異なる要求の折り合い（妥協）を図ることであり，これは「**トレードオフを図る**」と表現される[3]．ここでは，重み $\boldsymbol{Q}$ と r の大きさを調整することによって，トレードオフを図ることになる．

詳細な説明は省略するが，式(3.30)の評価関数を最小にするという意味で最適な状態フィードバック制御則は

$$u(t) = -\boldsymbol{f}^T \boldsymbol{x}(t) \tag{3.31}$$

で与えられる．ただし，

$$\boldsymbol{f} = r^{-1} \boldsymbol{P} \boldsymbol{b} \tag{3.32}$$

であり，$\boldsymbol{P}$ はつぎの**リカッチ方程式**（Riccati equation）の正定対称解である．

$$\boldsymbol{P}\boldsymbol{A} + \boldsymbol{A}^T \boldsymbol{P} - \boldsymbol{P}\boldsymbol{B}r^{-1}\boldsymbol{b}^T \boldsymbol{P} + \boldsymbol{Q} = 0 \tag{3.33}$$

---

[3]. 「妥協を図る」という表現はネガティブなイメージがするが，制御工学での「トレードオフを図る」は，相反する両者ができるだけ満足する解を見つけようとする，ポジティブな意味であることに注意する．

このとき，評価関数の最小値は次式で与えられる．

$$J_{\min} = \boldsymbol{x}_0^T \boldsymbol{P} \boldsymbol{x}_0 \tag{3.34}$$

ただし，$\boldsymbol{x}_0$ は状態ベクトルの初期値である．

それでは，これまで考えてきた倒立振子に対して最適レギュレータを設計してみよう．ここでは，重みを次式のように設定する．

$$\boldsymbol{Q} = 100\boldsymbol{I}, \quad r = 1$$

リカッチ方程式の解を

$$\boldsymbol{P} = \begin{bmatrix} p_{11} & p_{12} \\ p_{12} & p_{22} \end{bmatrix}$$

とおき，これを式 (3.33) に代入する．

$$\begin{bmatrix} p_{11} & p_{12} \\ p_{12} & p_{22} \end{bmatrix} \begin{bmatrix} 0 & 1 \\ 100 & 0 \end{bmatrix} + \begin{bmatrix} 0 & 100 \\ 1 & 0 \end{bmatrix} \begin{bmatrix} p_{11} & p_{12} \\ p_{12} & p_{22} \end{bmatrix}$$
$$- \begin{bmatrix} p_{11} & p_{12} \\ p_{12} & p_{22} \end{bmatrix} \begin{bmatrix} 0 \\ -10 \end{bmatrix} \begin{bmatrix} 0 & -10 \end{bmatrix} \begin{bmatrix} p_{11} & p_{12} \\ p_{12} & p_{22} \end{bmatrix} + \begin{bmatrix} 100 & 0 \\ 0 & 100 \end{bmatrix}$$
$$= \begin{bmatrix} 0 & 0 \\ 0 & 0 \end{bmatrix}$$

これより，つぎの三つの方程式が得られる．

$$200 p_{12} - 100 p_{12}^2 + 100 = 0$$
$$2 p_{12} - 100 p_{22}^2 + 100 = 0$$
$$p_{11} + 100 p_{22} - 100 p_{12} p_{22} = 0$$

$\boldsymbol{P}$ は正定値行列であることに注意して，この連立方程式を解くと，

$$\boldsymbol{P} = \begin{bmatrix} 144.8 & 2.414 \\ 2.414 & 1.024 \end{bmatrix} \tag{3.35}$$

が得られる．したがって，最適フィードバック制御則は

$$\boldsymbol{f} = r^{-1} \boldsymbol{P} \boldsymbol{b} = \begin{bmatrix} -24.14 \\ -10.24 \end{bmatrix} \tag{3.36}$$

となる．

この例題は二次系だったので，リカッチ方程式を手計算で解くことができたが，高次になると計算機なしで計算することは困難になる．

最適レギュレータの重みの調整は，トレードオフを図るという表現から明らかなように，相対的なものであり，前述した極配置法のときのように，極の位置という物理的な意味と関連づけることは難しい．実際に制御系設計を行う場合には，この重みの調整には試行錯誤が伴う．

3.2.5　カルマンフィルタ

これまでは状態方程式に雑音を考慮しない確定的な問題設定を考えてきた．しかし，現実的な問題では，角度信号の測定値に観測雑音が加わると考えるほうが自然である．

そこで，雑音を考慮した確率的な場合の状態方程式の一般形を以下に与えよう．

> ❖ Point 3.5 ❖　状態方程式の一般形（確率的な場合）
>
> $$\frac{\mathrm{d}}{\mathrm{d}t}\boldsymbol{x}(t) = \boldsymbol{A}\boldsymbol{x}(t) + \boldsymbol{b}u(t) + \boldsymbol{v}(t), \quad \boldsymbol{x}(0) = \boldsymbol{x}_0 \tag{3.37}$$
>
> $$y(t) = \boldsymbol{c}^T \boldsymbol{x}(t) + du(t) + w(t) \tag{3.38}$$
>
> ただし，$\boldsymbol{v}(t)$ はシステム雑音であり，$w(t)$ は観測雑音である．通常，両者は互いに独立な，正規性白色雑音と仮定される．

この問題設定に対して最も有名な状態推定法が，**カルマンフィルタ**（Kalman filter）である．カルマンフィルタは，R. E. Kalmanによって1960年に提案された究極のモデルベースフィルタであり，現在でもさまざまな分野で活発に利用されている．紙面の都合により，カルマンフィルタのアルゴリズムについての記述は省略する．カルマンフィルタがうまく動作するかどうかは，オブザーバと同様に，モデルの精度次第であると言っても過言ではない．線形システムに対するカルマンフィルタが最もよく知られているが，それを非線形システムに拡張した拡張カルマンフィルタ（EKF：Extended Kalman Filter）もよく利用されている [5]．また，最近では，非線形システムへの別の拡張として UKF（Unsecnted Kalman Filter）の研究も精力的に行わ

れている.さらに,非線形システム・非ガウシアン雑音に適用可能な粒子フィルタ (particle filter) も提案されている.

3.3　倒立2輪ロボット実験

これまで説明してきた倒立振子の制御系設計法の有効性を検証するために,倒立2輪ロボットを用いた制御実験を行う.実験に用いる e-nuvo WHEEL[4] の概観を図3.10に示した.

まず,この実験装置のアクチュエータとセンサについてまとめておこう.

(1) アクチュエータ —— 模型用DCモータ(いわゆるマブチモータ)であり,モータの駆動力は2段の減速歯車を介して車輪に伝えられる.

(2) センサ
- レートジャイロ(電気基板に取り付けられている)—— 角速度を測定
- 光学式角度センサ(エンコーダ)—— タイヤの角度を測定

したがって,倒立2輪ロボットは1入力2出力システムである.なお,以下では簡単

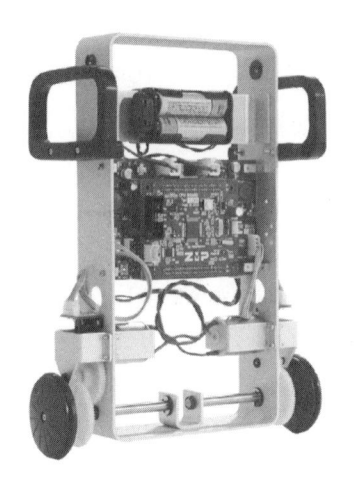

図3.10　e-nuvo WHEEL の概観

---

[4] e-nuvo WHEEL は (株)ZMP 社の製品である.

のために，オブザーバを用いずに，レートジャイロにより測定された本体の角速度を積分することにより本体の角変位を計算する．また，エンコーダにより測定されたタイヤの角度を差分することにより，タイヤの角速度を計算する．

なお，電気回路にはトルク指令を行うための電流フィードバック回路が搭載されている．また，制御則などのプログラミングにはC言語を用いている．

3.3.1 第一原理モデリングによる状態方程式の導出

倒立2輪ロボットの物理モデルを導出するために図3.11を用いる．これは倒立2輪ロボットを横から見た図である．図において，θは本体の鉛直方向からの傾き（角度）であり，時計回りを正とした．また，φはタイヤの角度である．

ラグランジュの運動方程式を用いることにより，倒立2輪ロボットの運動方程式を求めることができる．その結果をつぎに示す．

$$\{(M+m)r_t^2 + mlr_t\cos\theta + J_t + iJ_m\}\ddot{\theta} - mlr_t\sin\theta\cdot\dot{\theta}^2$$
$$+\{(M+m)r_t^2 + J_t + i^2J_m\}\ddot{\varphi} + c\dot{\varphi} = au \quad (3.39)$$

$$\{(M+m)r_t^2 + 2mlr_t\cos\theta + ml^2 + J_p + J_t + J_m\}\ddot{\theta} - mlr_t\sin\theta\cdot\dot{\theta}^2$$
$$-mgl\sin\theta + \{(M+m)r_t^2 + mlr_t\cos\theta + J_t + iJ_m\}\ddot{\varphi} = 0 \quad (3.40)$$

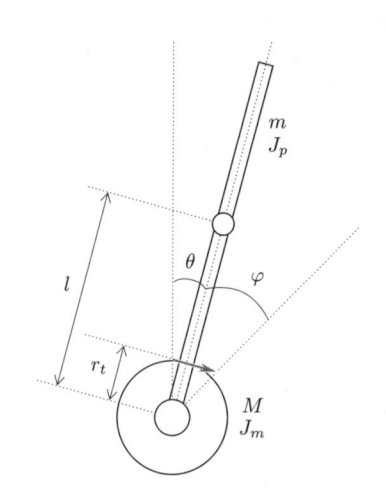

図3.11 e-nuvo WHEEL の物理モデリング

ここで，運動方程式に含まれる物理パラメータの名称と具体的な数値と単位を表3.1にまとめた．なお，台車の質量にはタイヤ，駆動軸，ギアなどが含まれる．

つぎに，非線形微分方程式である式(3.39)，(3.40)を線形近似すると，次式が得られる．

$$\alpha_{11}\ddot{\theta} + \alpha_{12}\ddot{\varphi} + c\dot{\varphi} = au \tag{3.41}$$

$$\alpha_{21}\ddot{\theta} + \alpha_{11}\ddot{\varphi} + d\theta = 0 \tag{3.42}$$

ただし，$d = -mgl$ とおいた．また，

$$\alpha_{11} = (M+m)r_t^2 + mlr_t + J_t + iJ_m$$
$$\alpha_{12} = (M+m)r_t^2 + J_t + i^2 J_m$$
$$\alpha_{21} = (M+m)r_t^2 + 2mlr_t + ml^2 + J_p + J_t + J_m$$

である．つぎに，連立方程式(3.41)，(3.42)を $\ddot{\theta}$ と $\ddot{\varphi}$ に関して解くと，

$$\ddot{\theta} = \frac{1}{\Delta}(-c\alpha_{11}\dot{\varphi} + d\alpha_{12}\theta + \alpha_{11}au) \tag{3.43}$$

$$\ddot{\varphi} = \frac{1}{\Delta}(c\alpha_{21}\dot{\varphi} - d\alpha_{11}\theta - \alpha_{21}au) \tag{3.44}$$

が得られる．ただし，$\Delta = \alpha_{11}^2 - \alpha_{12}\alpha_{21}$ とおいた．

表3.1 倒立2輪ロボットの物理パラメータ

物理パラメータ	記号	数値〔単位〕
本体の質量	m	0.5157〔kg〕
台車の質量	M	0.071〔kg〕
本体の慣性モーメント	J_p	2.797×10^{-3}〔kg·m^2〕
台車の慣性モーメント	J_t	8.632×10^{-6}〔kg·m^2〕
モータ回転子の慣性モーメント	J_m	1.30×10^{-7}〔kg·m^2〕
車軸と本体の重心の距離	l	0.1390〔m〕
車輪の半径	r_t	0.02485〔m〕
車軸の摩擦	c	1.0×10^{-4}〔kg·m^2/s〕
ギアの減速比	i	30
モータのトルク定数	K_t	2.79×10^{-3}〔N·m/A〕

3.3 倒立2輪ロボット実験

いま考えているシステムは四次系なので，状態変数を次式のようにおく．

$$\boldsymbol{x}(t) = \begin{bmatrix} \theta(t) \\ \varphi(t) \\ \dot{\theta}(t) \\ \dot{\varphi}(t) \end{bmatrix} = \begin{bmatrix} 本体の角度 \\ タイヤの角度 \\ 本体の角速度 \\ タイヤの角速度 \end{bmatrix} \left(= \begin{bmatrix} 未測定量 \\ 測定量 \\ 測定量 \\ 未測定量 \end{bmatrix} \right) \tag{3.45}$$

すると，式 (3.43)，(3.44) より，状態方程式はつぎのようになる．

$$\frac{\mathrm{d}}{\mathrm{d}t}\begin{bmatrix} \theta(t) \\ \varphi(t) \\ \dot{\theta}(t) \\ \dot{\varphi}(t) \end{bmatrix} = \begin{bmatrix} 0 & 0 & 1 & 0 \\ 0 & 0 & 0 & 1 \\ d\alpha_{12}/\Delta & 0 & 0 & -c\alpha_{11}/\Delta \\ -d\alpha_{11}/\Delta & 0 & 0 & c\alpha_{21}/\Delta \end{bmatrix} \begin{bmatrix} \theta(t) \\ \varphi(t) \\ \dot{\theta}(t) \\ \dot{\varphi}(t) \end{bmatrix}$$
$$+ \begin{bmatrix} 0 \\ 0 \\ a\alpha_{11}/\Delta \\ -a\alpha_{21}/\Delta \end{bmatrix} u(t) \tag{3.46}$$

$$\boldsymbol{y}(t) = \begin{bmatrix} 0 & 0 & 1 & 0 \\ 0 & 1 & 0 & 0 \end{bmatrix} \begin{bmatrix} \theta(t) \\ \varphi(t) \\ \dot{\theta}(t) \\ \dot{\varphi}(t) \end{bmatrix} \tag{3.47}$$

これは1入力2出力システムなので，つぎのような一般形をとる．

$$\frac{\mathrm{d}}{\mathrm{d}t}\boldsymbol{x}(t) = \boldsymbol{A}\boldsymbol{x}(t) + \boldsymbol{b}u(t) \tag{3.48}$$
$$\boldsymbol{y}(t) = \boldsymbol{C}\boldsymbol{x}(t) + \boldsymbol{d}u(t) \tag{3.49}$$

さらに，表 3.1 に示した具体的な数値を代入すると，この状態方程式のシステム行列はつぎのようになる．

$$\boldsymbol{A} = \begin{bmatrix} 0 & 0 & 1 & 0 \\ 0 & 0 & 0 & 1 \\ 98.09 & 0 & 0 & 0.0617 \\ -433.4 & 0 & 0 & -0.4774 \end{bmatrix}, \quad \boldsymbol{b} = \begin{bmatrix} 0 \\ 0 \\ -38.71 \\ 299.7 \end{bmatrix} \tag{3.50}$$

$$\boldsymbol{C} = \begin{bmatrix} 0 & 0 & 1 & 0 \\ 0 & 1 & 0 & 0 \end{bmatrix}, \quad \boldsymbol{d} = \begin{bmatrix} 0 \\ 0 \end{bmatrix} \tag{3.51}$$

以上で得られた状態方程式に基づいて，フィードバック制御系の解析と設計を行う．

3.3.2　状態空間モデルを用いた倒立2輪ロボットのアナリシス

ここでは，倒立2輪ロボットのアナリシスを行う．

まず，安定性は A 行列のみに関係するので，MATLAB のコマンド eig(A) を用いてこの行列の固有値を調べると，以下の結果が得られた．

```
     0
 9.7714
-10.0440
 -0.2048
```

これより，s 平面の右半平面の $s = 9.7714$ に不安定極を持ち，また原点にも極を持つことがわかる．したがって，倒立2輪ロボットは手を離すと倒れてしまうので，当然の結果ではあるが，不安定である．

つぎに，このシステムの可制御性と可観測性を調べる．MATLAB のコマンド ctrb を用いて可制御行列を構成し，そのランクを調べると，

```
>> Uc = ctrb(A,b)
   1.0e+004 *

         0   -0.0039    0.0018   -0.3805
         0    0.0300   -0.0143    1.6845
   -0.0039    0.0018   -0.3805    0.2851
    0.0300   -0.0143    1.6845   -1.6052
>> rank(Uc)
   ans =
         4
```

が得られた．したがって，倒立2輪ロボットは可制御である．

つぎに，コマンド obsv を用いて可観測行列を構成し，そのランクを調べると，

```
>> Uo = obsv(A,C)
   1.0e+003 *
         0         0    0.0010         0
         0    0.0010         0         0
```

```
        0.0981         0          0        0.0001
             0         0          0        0.0010
       -0.0267         0     0.0981       -0.0000
       -0.4334         0          0       -0.0005
        9.6339         0    -0.0267        0.0061
        0.2069         0    -0.4334        0.0002
>> rank(Uo)
   ans =
        4
```

が得られた．したがって，可観測である．

最後に，Point3.2を用いると，入力 u から本体の角速度 $\dot{\theta}$ までの伝達関数（$G_1(s)$ とする）と，入力 u からタイヤの角度 φ までの伝達関数（$G_2(s)$ とする）は，それぞれつぎのようになる．

$$G_1(s) = \frac{-38.71s^2 + 9.669 \cdot 10^{-14}s + 3.643 \cdot 10^{-14}}{s^3 + 0.4774s^2 - 98.09s - 20.1}$$

$$\approx \frac{-38.71s^2}{s^3 + 0.4774s^2 - 98.09s - 20.1}$$

$$G_2(s) = \frac{299.7s^2 + 1.704 \cdot 10^{-11}s - 12620}{s^4 + 0.4774s^3 - 98.09s^2 - 20.1s}$$

$$\approx \frac{299.7s^2 - 12620}{s(s^3 + 0.4774s^2 - 98.09s - 20.1)}$$

この二つの伝達関数の周波数特性を調べるためにボード線図を描いた結果を，図3.12に示した．

3.3.3 極配置法による倒立2輪ロボットのフィードバック制御系設計

倒立2輪ロボットのアナリシスより，制御対象である倒立2輪ロボットの極は $s = 0, 9.7714, -10.0440, -0.2048$ であったので，安定でない二つの極 $s = 0, 9.7714$ をフィードバック制御によって左半平面に移動させなければならない．また，$s = -0.2048$ という極は左半平面に存在するが，虚軸に近いため，もう少し左側へ移動させる必要がある．前項の結果より，制御対象は可制御であったため，フィードバック制御によって，任意の位置に閉ループ極を配置することができる．そこで，閉ルー

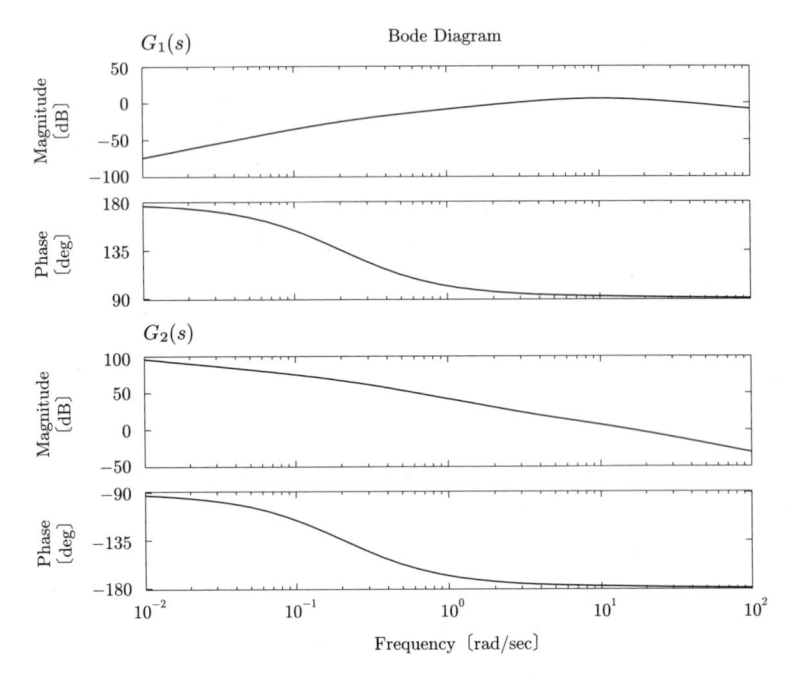

図 3.12 伝達関数 $G_1(s)$ と $G_2(s)$ の周波数特性

プ極が $s = -10$（重根），$s = -1, -2$ に配置されるようなフィードバック制御則を，アッカーマンの方法を用いて求めよう．

アッカーマンの方法の MATLAB コマンドはつぎのようになる．

```
>> P = [-10 -10 -1 -2];
>> F = acker(A,b,P)
>> F =
      -6.8422   -0.0158   -0.8028   -0.0285
```

これより，フィードバック制御則は次式のようになる．

$$u(t) = -\begin{bmatrix} 6.8422 & 0.0158 & 0.8028 & 0.0285 \end{bmatrix} \begin{bmatrix} \theta(t) \\ \varphi(t) \\ \dot{\theta}(t) \\ \dot{\varphi}(t) \end{bmatrix} \quad (3.52)$$

状態フィードバック制御を行うためには，すべての状態（ここでは4個の状態）が

利用可能である必要がある．倒立2輪ロボットでは，本体の角速度$x_3(t) = \dot{\theta}(t)$とタイヤの角度$x_2(t) = \varphi(t)$はセンサによって測定できる．以下では，他の二つの状態量$x_1(t) = \theta(t)$と$x_2(t) = \dot{\varphi}(t)$は，それぞれ測定量の積分と差分演算によって計算され，利用可能であるとする．すなわち，

$$C = \begin{bmatrix} 1 & 0 & 0 & 0 \\ 0 & 1 & 0 & 0 \\ 0 & 0 & 1 & 0 \\ 0 & 0 & 0 & 1 \end{bmatrix} \tag{3.53}$$

とおく．

このようにして得られたフィードバック制御則の有効性を実験で確かめる前に，Simulinkを用いて検証してみよう．図3.13に示すようなSimulinkブロックを作成することによって，初期値応答（直立状態から5°程度ずらした初期値からシミュレーションを開始する）や外乱抑制性（途中でインパルス状外乱を印加する）などの制御性能を確かめることができる．

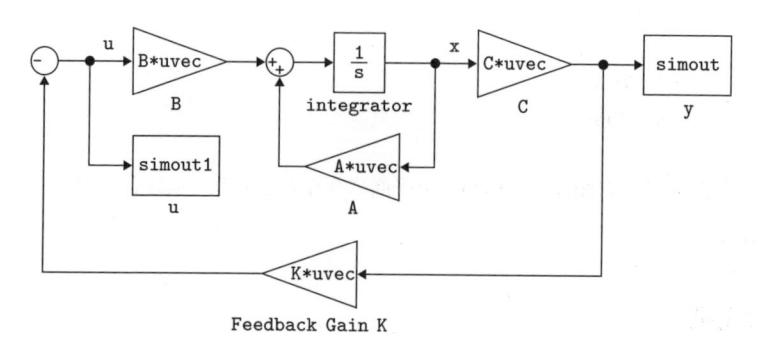

図3.13 Simulinkを用いた倒立2輪ロボットのシミュレーション

3.3.4 最適レギュレータ

式(3.30)で与えた最適レギュレータの評価関数において，重み行列Q, rをそれぞれつぎのようにおく．

$$Q = \begin{bmatrix} 1 & 0 & 0 & 0 \\ 0 & 15 & 0 & 0 \\ 0 & 0 & 1 & 0 \\ 0 & 0 & 0 & 10 \end{bmatrix} = \mathrm{diag}\begin{bmatrix} 1 & 15 & 1 & 10 \end{bmatrix}, \quad r = 500 \quad (3.54)$$

このとき，MATLABを用いて最適フィードバック制御則Kを求めてみよう．

```
>> Q = diag([1 15 1 10]);
>> r = 500;
>> K = lqr2(A,b,Q,r)
>> K =
    -21.2124   -0.1732   -3.0382   -0.2012
```

また，閉ループ極はつぎのように計算できる．

```
>> Pc=eig(A-b*K)
>> Pc =
   -43.7159
    -1.2276
    -7.0704
    -5.7606
```

これより，すべての閉ループ極が左半平面に存在しており，安定化されていることがわかる．

参考文献

[1] 足立修一：MATLABによる制御工学，東京電機大学出版局，1999.

[2] 小郷, 美多：システム制御理論入門，実教出版，1979.

[3] T. Glad and L. Ljung : *Control Theory: Multivariable and Nonlinear Methods*, chapter 7, Taylor & Francis, 2000.

[4] Katsuhiko Ogata : *MATLAB for Control Engineers*, Pearson Prentice Hall, 2008.

[5] 片山 徹：新版 応用カルマンフィルタ，朝倉書店，2000.

第4章 ハイブリッド車・電気自動車の走行制御

 自動車は内燃機関であるエンジンを主動力源としてきた．その理由としては，石油燃料を供給するインフラが発達していることや，石油燃料のエネルギー密度が高く航続距離が長いことが挙げられる[1]．一方，地球環境保全の観点から，内燃機関を動力源とする4輪自動車にかわって，ハイブリッド電気自動車や電気自動車のように，モータを動力源として走行する自動車の開発が活発に進められている．パワーエレクトロニクス技術の進化に伴って，自動車も大きく変貌しようとしている．

4.1 走行システムの電動化

4.1.1 モータの利点

 モータを駆動源とする走行システム制御を考える前に，モータの長所をエンジンと対比する形で整理しておこう．

(a) トルクの応答が2桁速い

 現在主流の4サイクルガソリンエンジンでは，トルクを発生するために，つぎのような行程を要する．すなわち，空気と燃料をともにシリンダ内に吸い込む吸気行程，シリンダ内で圧縮する圧縮行程，燃焼することでピストンを押し下げる膨張行程，さらには，燃焼ガスを排気する排気行程の4行程である．アクセルを踏み込んでからシリンダ流入空気が増加するまでの吸気量変化遅れと，吸気行程から膨張行程までのデッドタイムとが主な要因となり，応答時間は数百msとなる．一方，モータは電流

---

[1] 内燃機関のエネルギー源となるガソリンのエネルギー密度は，約12200 Wh/kgである．一方，モータのエネルギー源となる二次電池のエネルギー密度は，リチウムイオン電池ですら100 Wh/kgにすぎない．

に応じてトルクを発生するため，トルクの応答時間は電気系の遅れによる数msにすぎず，エンジンに比べて2桁も速い．

(b) トルクを制御しやすい

燃焼反応は環境に左右されやすく，エンジンのトルクを高精度に制御することは難しい．たとえば，低地と高地では空気密度が変わるため，燃焼圧力が異なる．山岳地のドライブでエンジンのトルクが低下するという経験をした人は多いだろう．このほかにも，極寒の地と灼熱の地では，燃焼時における空気と燃料の混合状態が異なるため，エンジンのトルクが違ってしまう．これに対してモータの場合，電流でほぼトルクが決まる．通常，電流はフィードバック制御により精度良く調整できるため，環境の変化から影響を受けにくく，所望のトルクに制御しやすい．さらに，ベクトル制御[2]を使えば，急激な変化を伴うトルク指令も高精度に実現できる．

(c) エネルギー変換効率が高い

ガソリンエンジンの最大熱効率[3]は，おおむね35％である．ところが，アイドリング状態や低負荷で走行する状態では，熱効率はほとんど0になる．このため，実走行時の熱効率は大幅に低下し，自動車ではおよそ15％になってしまう[1][4]．一方，図4.1に示すように，モータのエネルギー変換効率は最大95％程度と高く，高効率で運転できる範囲も広い．その上，減速時に回生制動を行い，移動体の運動エネルギーを電気エネルギーに変換して再利用すれば，移動効率はさらに高まる．

(d) 音と振動が小さい

エンジンは間欠燃焼によりトルクを発生するため，トルクの脈動を避けられない．加えて，一般的なレシプロエンジン (reciprocating engine)[5]は，シリンダの往復運動を回転運動に変換することから，音や振動が生じやすい．これに対してモータは，回転トルクを連続的に発生できるため，音や振動が生じにくい．静かであるがゆえに，

---

2. 第6章で詳しく説明する．
3. 燃料の化学エネルギーが力学的エネルギーに変換される割合．
4. 自動車の燃費を測定する試験モード「10・15モード」に則って計測した効率．10・15モードでは，最高車速は70 km/h，平均車速は22.7 km/hとなる．
5. ガソリンなどの燃料が燃焼することによって生じる熱エネルギーを，まず往復運動に変換し，ついで回転運動の力学的エネルギーに変換する原動機のこと．

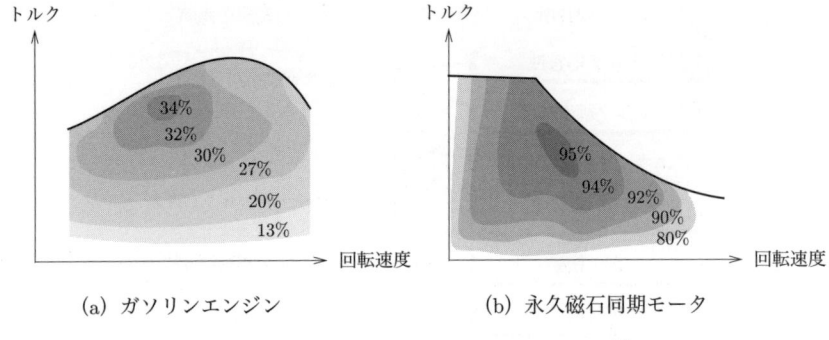

図4.1 エンジンとモータの効率特性の比較[2]

(a) ガソリンエンジン
(b) 永久磁石同期モータ

歩行者が電気自動車の接近に気づきにくく，安全のために騒音をアクティブに発生させるべきかという議論がなされるほどである．

(e) 搭載する位置の自由度が大きい

エンジンを使うには，変速機，吸排気管，排気触媒，マフラーなどが必要となり，それらは機械的に結合されるという制約を抱える．このため搭載位置は限定され，自動車では前寄り，中央，後寄りに搭載することしかできない．これに対してモータは，付随する装置が少ない．また，パワーが電気で供給されるPower-by-Wireであることから，電源との機械的結合の制約も小さく，搭載位置の自由度が大きい．小型で高いcompatibilityが必要となる自動車において，搭載位置の自由度が大きいことは，自動車の概念設計に大きなインパクトを与える．モータを車輪の近くに分散して搭載したり，車輪の中に挿入するインホイールモータにしたりすることが可能となる．

(f) 排気ガスを出さない

モータは排気ガスを出さない．このため，家庭やオフィス，商業施設などの屋内で使用する自動車の動力源としても使用できるようになる．

4.1.2 走行システムとしての価値

これらのモータの長所が自動車にもたらす価値を図4.2にまとめた．特に，自動車の走行に対して大きな影響を与えるのは，(1)〜(3) で挙げたトルク応答性，トルク

第4章 ハイブリッド車・電気自動車の走行制御

```
 モータの長所              自動車の価値
(1) トルク応答性     ─┐  ┌─ 俊敏で安定した走り
(2) トルク制御精度   ─┤  │
(3) エネルギー変換効率 ─┼──┼─ 省エネルギー
(4) 搭載性           ─┤  ├─ 構造・デザインの革新
(5) 音・振動         ─┤  ├─ 屋内への移動領域拡大
(6) 排気なし         ─┘  └─ ⋮
```

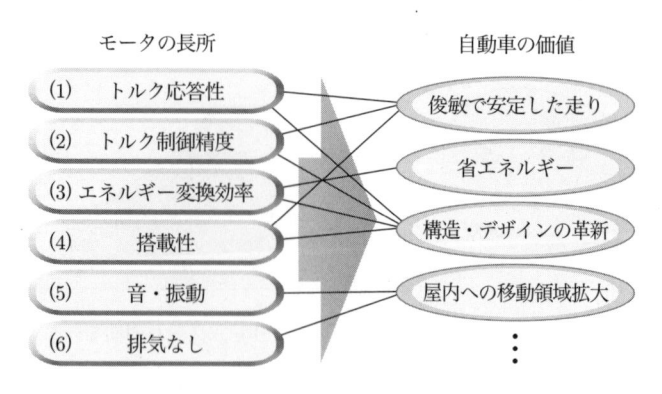

図 4.2　モータの長所と自動車の価値との関係

制御精度，エネルギー変換効率の 3 点である．それらが具体的にどのような価値を生み出すかについて考えてみよう．

トルク応答性とトルク制御精度を生かせば，即時に精度良く狙いの制駆動力を実現できる．したがって，電気自動車は発進時の加速が良く，ドライバーのアクセル操作に対して正確な加減速を実現できる．

外乱に対するロバスト性も向上する．自動車は移動するため，路面は時々刻々と変化する．ときには路面の凹凸や摩擦係数の低下が車輪のスリップを誘発することもある．スリップすると路面から受ける力は低下し，所望の加速をできないだけでなく方向安定性を失いかねない．そこで，図 4.3 に示すように，瞬時かつ適正にスリップを抑制する制駆動力制御が必要となる．スリップを抑制するには，スリップ率[6]を検出して，スリップ率が所定の範囲に収まるよう制駆動力をフィードバック制御する．フィードバック制御としては，たとえば古典的な PID 制御を使う．モータのトルク応答性とトルク制御精度を利用すれば，時間遅れ小さく正しい補正量のフィードバック制御系を構築できるため，素早くスリップを抑制して自動車の挙動を安定に保つことができる．

エネルギー変換効率が高いことも，自動車にとって大きなアドバンテージである．走行のためのエネルギー消費が少なくて済むことから，環境保全に貢献し，航続距

---

[6]　車輪接地面の周回速度（車輪速）を V_w，車輪位置の車体速度を V_v としたとき，駆動時のスリップ率は $(V_w - V_v)/V_w$ である．

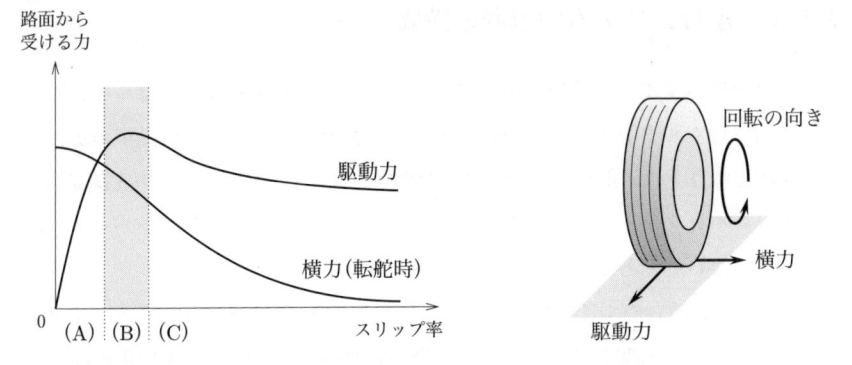

スリップ率が小さい領域（A）では，路面とタイヤ接地面は粘着状態にあり，静摩擦係数に応じた駆動力を得る．スリップ率が大きい領域（C）では，路面とタイヤ接地面は大きく滑るため，動摩擦係数に応じた駆動力しか得られない．同時に横力も低下するので，ハンドルを切った際（転舵時）に車両が曲がりにくくなる．そこで，領域（C）に入りそうになったら，領域（B）のスリップ率にとどめるよう制駆動力制御をする．

図4.3　スリップ抑制制御の原理

離を長くできる効果をもたらす．さらに，図4.4に示すように，同じ仕事に対して捨てられる熱量が少なくなれば，周囲の機械部品や電子部品との熱干渉問題を軽減するばかりでなく，熱を車外に放出するための冷却システムを簡素化できる可能性も出てくる．部品の小型化・軽量化が強く求められる自動車では，その波及効果が大きい．

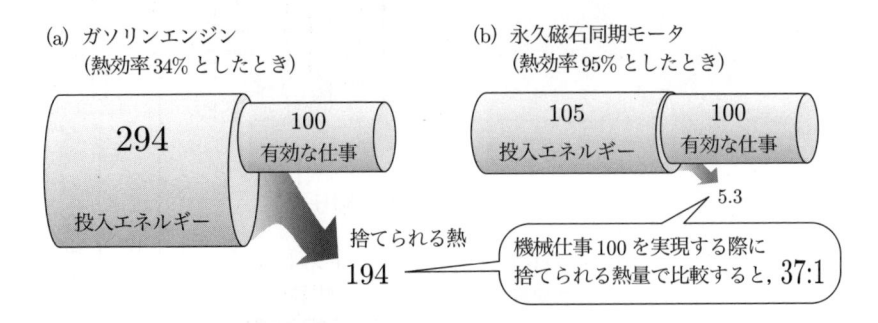

図4.4　エンジンとモータの熱損失の比較

4.1.3 走行システムの電源系構成

モータを使って走行する自動車では，ドライバーが操作するアクセルペダルに応じてモータのトルクを調整する走行システムが必要となる．電気自動車の走行システムを例に取り上げ，電源系統の代表的な構成を図4.5に示す．主な構成部品は，二次電池，ジャンクションボックス，インバータ，モータ，DC-DCコンバータ（図には示していない）である．

二次電池は，使いやすさの観点からニッケル水素型が現在主流であるが，より高出力で高エネルギー密度なリチウムイオン型の普及が見込まれる．乗用車の場合，二次電池の総電圧は240〜360 V程度である．ハイブリッド乗用車では，二次電池の電圧を昇圧回路で最大650 V程度まで変化させてインバータに供給することで，モータの高出力化と効率化を狙った例も見られる．温度調整は，電池パック内に空気を流すことで行う．

ジャンクションボックスは，二次電池からの電力を供給/遮断するためのリレーのほか，ヒューズを備える．リレーをONにする際には，インバータの平滑コンデンサへの突入電流を抑えるために，一時的に抵抗を介して電力を供給し，平滑コンデンサの電圧が十分上昇してから，短絡するといったシーケンス制御を行う．

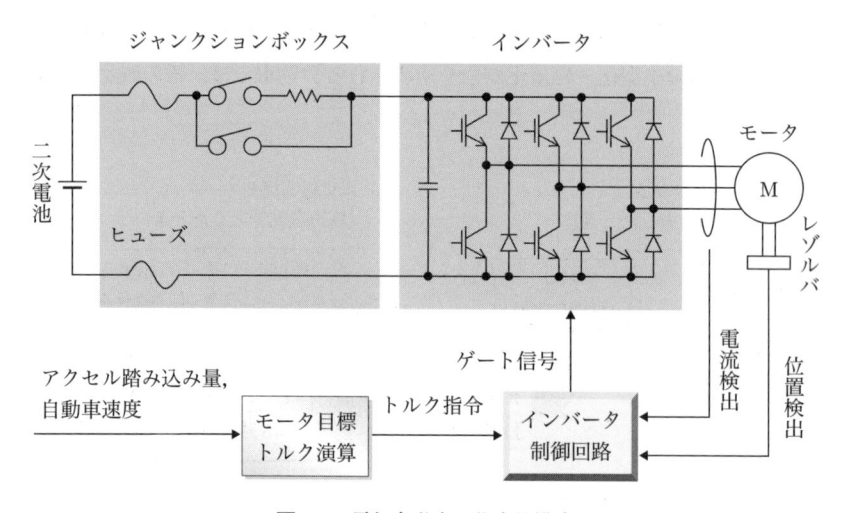

図4.5 電気自動車の代表的構成

モータは，高効率，小型軽量，高出力が求められるため，希土類永久磁石を用いた永久磁石同期モータ（permanent magnet motor）が用いられることが多い．乗用車用モータは，ハイブリッド電気自動車向けも含めると，10 kWのものから150 kWを超えるものまでが商品化されている．レゾルバ（resolver）と呼ばれる回転センサ，そして電流センサを備え，モータ回転子の磁界と回転磁界とを同期させて所望のトルクを発生させるように，インバータ内のIGBT（Insulated Gate Bipolar Transistor）ゲート電圧をPWM（Pulse Width Modulation）制御する．モータとインバータの冷却は，水冷が一般的である．モータへの指令トルクは，ドライバーが操作するアクセルペダルの踏み込み量と自動車の走行速度とを関連づけて演算される．

DC-DCインバータは，二次電池と12 V電池間の昇降圧を行う．12 V電池電源は，鉛酸電池であり，乗用車ではヘッドライトやECU（Engine Control Unit）電源など，一般電源として使用される．ガソリンエンジン乗用車では，エンジンに備えられたオルタネータで発電して12 V電池に電力を供給するが，電気自動車はエンジンを持たないため，二次電池から供給する系統が必要となる．

二次電池，モータの電源系統は，地絡時の安全性や電磁ノイズの観点から，12 Vの電源系統と絶縁されて構成される．

4.2　ハイブリッド電気自動車

純粋な電気自動車は，エネルギー源となる電池のエネルギー密度が現状では小さく，航続距離が不十分なケースが多い．数百 kmを連続して移動する要求がある自動車では，電池の搭載性と航続距離の両立が困難で，電気自動車が普及しない要因となっている．この課題を解決する一つがハイブリッド電気自動車（HEV：Hybrid Electric Vehicle）である．

ハイブリッドは「混成の」という意味であるが，ハイブリッド電気自動車は，モータとエンジンとを混成の動力源として備える．狙いは，エネルギー密度の高い石油燃料をエネルギー源とし，モータとエンジンを巧みに使い分けることで移動効率を上げることである．これにより，航続距離を十分に確保しつつ，エンジンのみを搭載した自動車よりもCO_2放出やエネルギー消費を大きく抑制する．

4.2.1　ハイブリッド電気自動車の分類

　ハイブリッド電気自動車には，モータとエンジンの連結方式によって「シリーズ型」，「パラレル型」，「シリーズ・パラレル型」の3種類がある．それらを図4.6にまとめた．それぞれの構成と特徴をつぎに示す．

(a) シリーズ型

　シリーズ型は，エンジンと車輪を機械的に切り離し，駆動用モータで走行する方式である．エンジンおよび発電用モータは，その運転点が車両の速度に制約されないため，高効率で運転できる．一方，走行に必要な動力をすべてモータが担うため，高出力の駆動用モータが必要となる．動力が，エンジン → 発電用モータ → 二次電池 → 駆動用モータ → 車輪というように，直列に伝達されるため，シリーズ型と呼ばれる．1902年にフェルディナンド・ポルシェによって設計された初のハイブリッド乗用車は，シリーズ型であった．他の型に比べて構成および制御が簡素であることがその理由であろう．

(b) パラレル型

　パラレル型は，駆動用モータとエンジンをそれぞれ機械的に車輪と接続して駆動する方式である．車輪とエンジンが機械的に連結しており，車両の速度によってエンジン回転速度が制限されることから，エンジンの高効率領域を使った運転は限定的になる．しかし，駆動用モータとエンジンの出力を合算して車両を駆動するため，それぞれは小さな出力で済むというメリットがある．動力が，エンジン → 変速機 → 車輪という流れと，二次電池 → 駆動用モータ → 車輪という流れの並列で伝達されるため，パラレル型と呼ばれる．

(c) シリーズ・パラレル型

　シリーズ・パラレル型は，シリーズ型とパラレル型を複合した方式であり，つぎの二つに大別できる．一つはクラッチ断続によって動力を切り替える方式である．クラッチを切るとシリーズ型，つなぐとパラレル型として動作する．もう一つは，遊星歯車で動力分割の割合を変えて，両方の動力の流れを車輪に伝えられるパワースプリット方式である．いずれも構成および制御は複雑になるが，シリーズ型とパラレル型の長所を併せ持つ．

4.2 ハイブリッド電気自動車　89

(a) シリーズ型

(b) パラレル型

(c) クラッチで動力分割する
シリーズ・パラレル型

(d) 遊星歯車で動力分割する
シリーズ・パラレル型

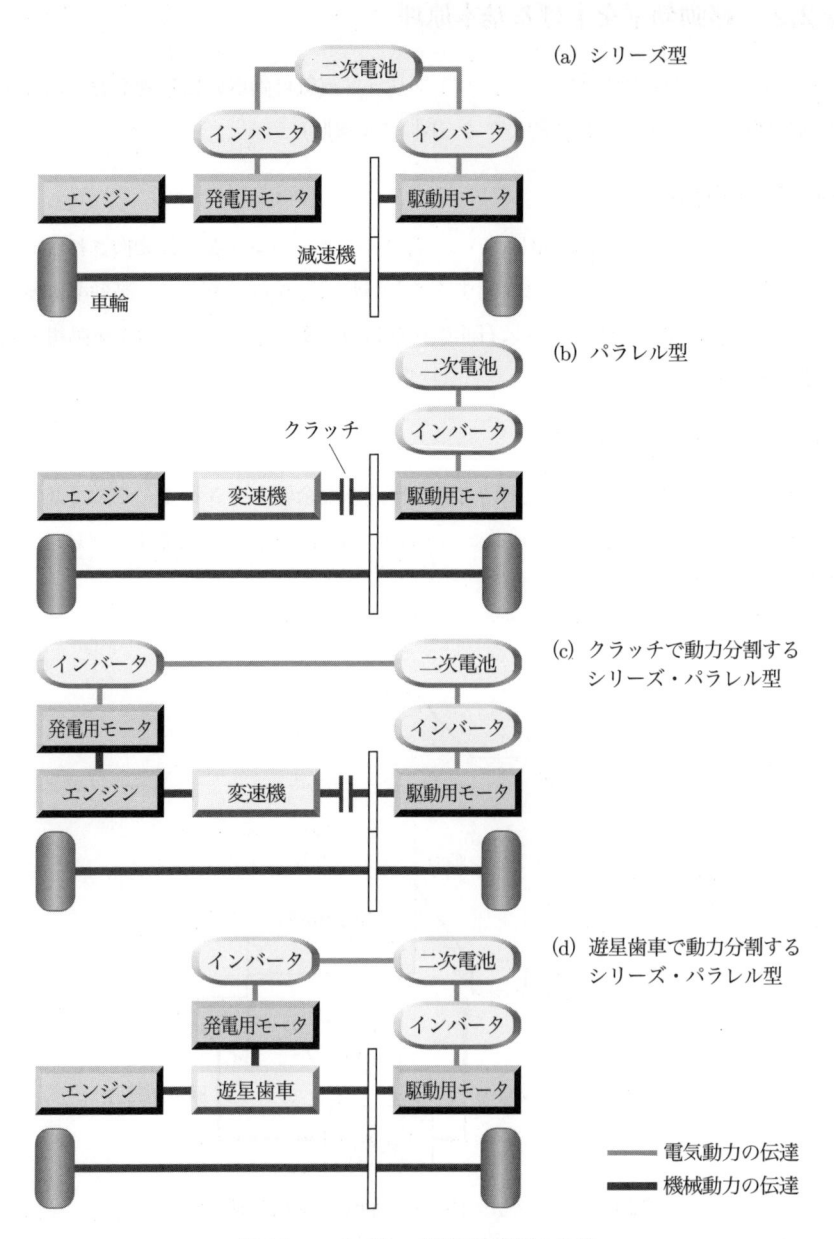

―― 電気動力の伝達
━━ 機械動力の伝達

図4.6　ハイブリッド電気自動車の分類

4.2.2 移動効率を上げる基本原理

上述したいずれの型においても,ハイブリッド電気自動車の移動効率を上げる基本的原理は,つぎの三つに集約できる(図4.7を参照).

(a) 高効率運転

エネルギー源となる石油燃料は,いったんすべてエンジンで動力に変換される.したがって,エンジンを高効率に運転することが要諦となる.そこで,高効率に運転できる走行負荷状態にあるときに石油燃料を動力に変換し,その動力を駆動用と充電用に振り分ける.

(b) モータ駆動

エンジンはその特性上,低負荷時に低効率運転を余儀なくされる.そこで低負荷時にはエンジンを停止させ,駆動用モータのみで走行する.このときモータには,二次電池から電力を供給する.

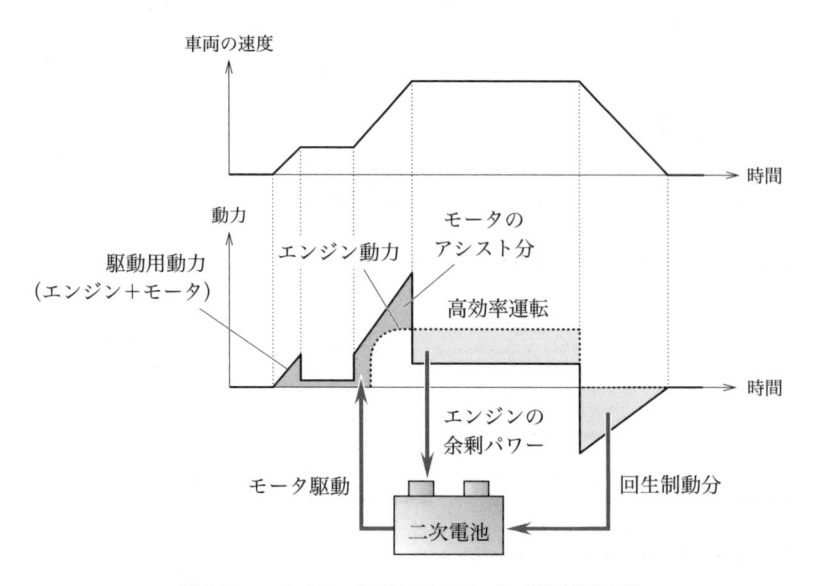

図4.7 ハイブリッド電気自動車の代表的な運転例

(c) 回生制動

自動車では，ディスクブレーキやドラムブレーキといったいくつかのタイプのブレーキがあるが，いずれも高摩擦部品同士の押しつけにより，車両の運動エネルギーを熱エネルギーに変換し，放出している．ハイブリッド電気自動車では，走行中に駆動用モータに制動トルクを発生させることで，運動エネルギーを電気エネルギーとして回収し（これを回生制動という），二次電池に一時的に貯めておくことができる．貯めたエネルギーは，駆動用モータによる走行などに利用して，移動効率を上げる．

4.2.3 ハイブリッド電気自動車特有の制御

これらの基本的原理を実現するには，エネルギー消費を抑えるようにエンジンとモータという二つの動力を巧みに使い分けるパワーマネジメントが必要となる．また，二次電池をエネルギー貯蔵庫として使用するため，貯蔵状態を良好に維持しながら高い移動効率を達成するためのエネルギーマネジメントも必須となる．それぞれについて以下で簡単に説明しよう．

(a) パワーマネジメント

走行効率を上げるようにエンジンとモータの分担を配分するパワーマネジメントの制御手法を説明する．簡単のため，エンジン以外の構成部品（モータ，インバータ，二次電池，変速機など）の損失はないものとする．

走行のための目標パワー P は，一般に，ドライバーのアクセルペダルの踏み込み量と自動車の速度に応じて演算される．この目標パワー P は，

$$P = P_e + P_b \tag{4.1}$$

で与えられる．ただし，P_e はエンジン出力であり，P_b は二次電池の放電電力（充電時には負値をとる）である．ここで，モータは単なる動力変換器であるため，上式には現れない．式 (4.1) から，走行のためのパワー P を達成する手段として，エンジンと二次電池の割合をそれぞれ自由に配分できる「自由度」があることがわかる．この自由度を状況に応じてうまく使うことにより，エンジンを高効率運転することが可能になる．

エンジンの運転点に走行パワーを関連づけた図4.8を用いて説明すると理解しやすい．パワー P が中パワーの場合，たとえば図中 A 点のパワーである場合には，エンジンは最も効率の良い E 点で運転する．そして余剰パワー（$P_e - P$）は，二次電池に蓄電する．大パワーの場合，たとえば図中 B 点のパワーである場合にも，エンジンをやはり E 点で運転する．今度は，エンジンだけではパワーが不足であるため，二次電池の電力でアシストしてパワーを補う．パワー P が 0 または小パワーの場合，たとえば図中 C 点のパワーである場合には，エンジンを停止して二次電池の電力で走行する．つまりモータのみで走行する．このように，式(4.1)の自由度を使ってエンジンを高効率運転する．

シリーズ・パラレル型のハイブリッド電気自動車では，この自由度に加えて，駆動用モータと発電用モータの間にも自由度がある．二次電池の放電電力 P_b は，

$$P_b = P_m + P_g \tag{4.2}$$

で与えられる．ただし，P_m は駆動用モータの出力であり，P_g は発電用モータの出力である．なお，それぞれ発電時には負値をとる．式(4.2)は，二次電池の放電電力を二つのモータに配分できることを意味する．エンジンから発電用モータに伝える動力と，エンジンから機械伝達系を介して車輪に出力する動力との割合を調整する自由度として利用できる．ここでは無視したが，実システムでは，モータ，インバータ，機械伝達系は動作点に応じた損失が発生すること，回転速度やトルクの動作範囲が限定されることなどから，この自由度の意義は大きい．

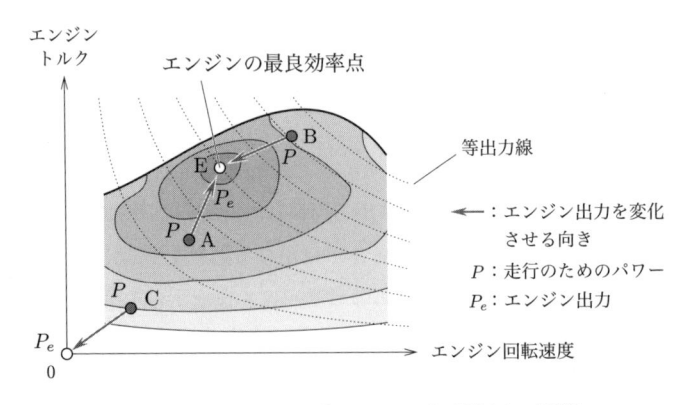

図4.8 走行パワーに応じたエンジン運転点の選択

さらに，駆動用モータは減速時に回生制動を行うため，回生電力についても考慮する必要がある．回生電力は二次電池に蓄電するが，二次電池の充電率（SOC：State Of Charge）や許容入力電力状態によっては，回生電力を十分に充電できないこともある．この場合，回生制動だけでは十分な制動力を発揮できないため，摩擦ブレーキやエンジンブレーキを併用して協調制御する．

(b) エネルギーマネジメント

二次電池の蓄電状態のエネルギーマネジメントも重要である．エネルギーの貯蔵庫としての自由度を生かして移動効率を上げるためには，SOCを一定に維持する制御を行ってはいけない．一定にしようとすればするほど，二次電池の自由度が減ってしまうからである．適度に幅をもってSOCが変動するように，緩やかに制御する[7]．このとき，パワーマネジメントとの連携が大事になる．効率的に石油燃料を電力に変換できる運転状態にあるときには，SOCが高めであっても二次電池を充電するようにパワーマネジメントする．効率的でない運転状態のときには，SOCが低くならない限り二次電池を充電しないようにパワーマネジメントする．回生制動については，石油燃料を使用せずに電力充電できるため，SOCが高めであっても回収する．

二次電池は過充電や過放電により劣化するため，使用状況や温度などに応じて，適正な中間領域に蓄電状態に保つ必要がある．中間領域は，温度条件や健全度（SOH：State Of Health）によって変化する．したがって，図4.9に示したように，変化する中間領域に収めるようエンジンと二次電池の出力を調整するという高度なエネルギーマネジメントを行う必要がある．

二次電池の容量をより有効に使う方策の一例として，将来の走行状況を予測し，蓄電状態をスケジューリングするという手法がある[3]．GPS（Global Positioning System）情報とカーナビゲーションの道路情報を用いて，将来の走行状況を予測してそれを利用する研究例を図4.10に示す．下り坂が続くと予測されたら，あらかじめモータへの動力配分を増やしておくことで，石油燃料の消費を抑制する．下り坂での回生電力で二次電池を充電できれば，移動効率は向上する．

以上で述べたように，ハイブリッド電気自動車の制御システムにおいては，パワー

---

7. 目標値に厳密に制御するのではなく，ある範囲に制御することを，モデル予測制御では**領域目的**（zone objective）と呼んでいる．J.Maciejowski著，足立・菅野訳：モデル予測制御——制約の下での最適制御，東京電機大学出版局（2005）p.6を参照．

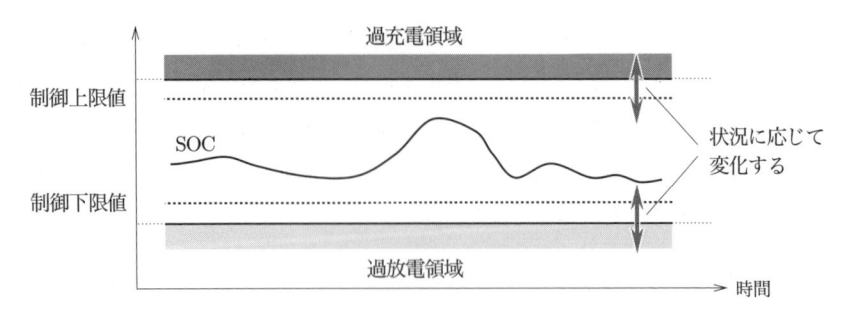

図4.9　エネルギーマネジメントの例

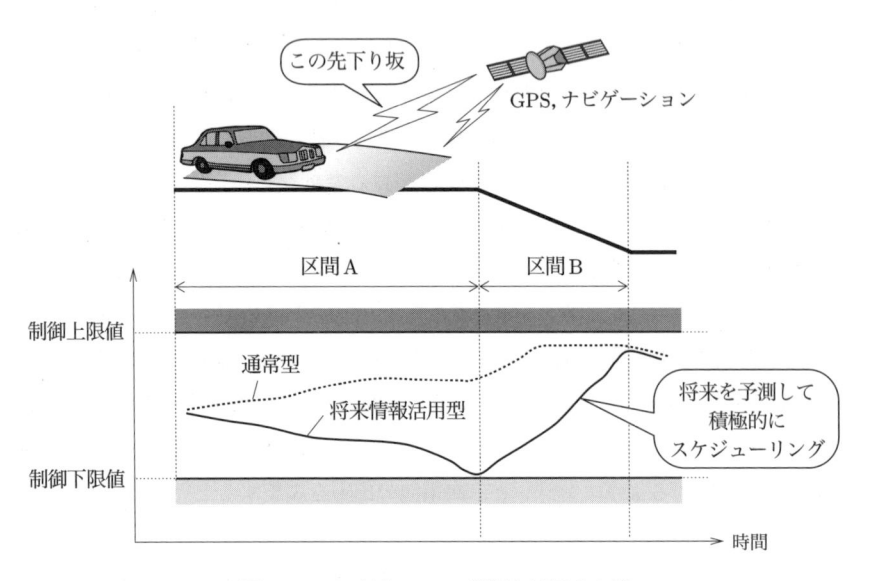

図4.10　ナビゲーション情報を活用する例

を配分できる自由度と，エネルギーを二次電池に蓄えることができるという時間的自由度を上手に生かす技術が重要である．

4.2.4　複雑なシステムを開発する手法[4]

ハイブリッド電気自動車の制御システムでは，エンジン，モータ，二次電池などの構成部品の状態を把握しながら，それぞれの性能を最大限引き出せるよう，走行環境

やドライバーの操作に応じてそれらを複雑に協調させる必要がある．一般に，複雑なシステムを効率的に開発するためには，一連の機能をモジュール化する**構造化**と，抽象度に応じて上下層を分離する**階層化**の手法を活用するとよい．

システム全体を図4.11のように構成する．システムを統括する機能は，上層の協調制御用の電子制御ユニット（ECU）が受け持ち，全体の状態検出，診断，保護，下層への指令などを行う．そして，下層の各構成部品はそれぞれECUを備え，自身の状態検出，診断，保護，制御などを個別に担当する．このように構成することで，協調制御用ECUと下層の各構成部品を同時に設計でき，開発効率が高まる．各構成部品のメンテナンスや再利用も容易になる．

協調制御用のECUに搭載する制御アルゴリズムは，図4.12に示すように，状況に応じて構成部品の動作方針を決定する**制御戦略部**と，その決定に沿って構成部品を協調動作させる**制御演算部**を明確に分離するとよい．制御戦略部では，有限オートマトンの概念を導入して状態遷移図で記述し，システムの動作の移り変わりを可視化する．

たとえば，図4.6（c）のシリーズ・パラレル型ハイブリッド電気自動車の場合，シリーズモードとパラレルモード，そして，それぞれのモード間をつなぐ過渡モード

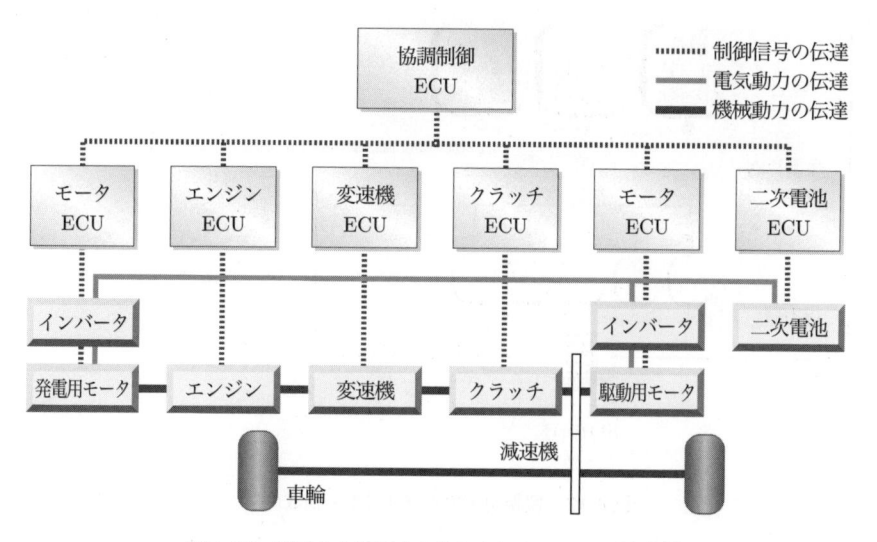

図4.11　構造化と階層化を取り入れたシステム構成[4]

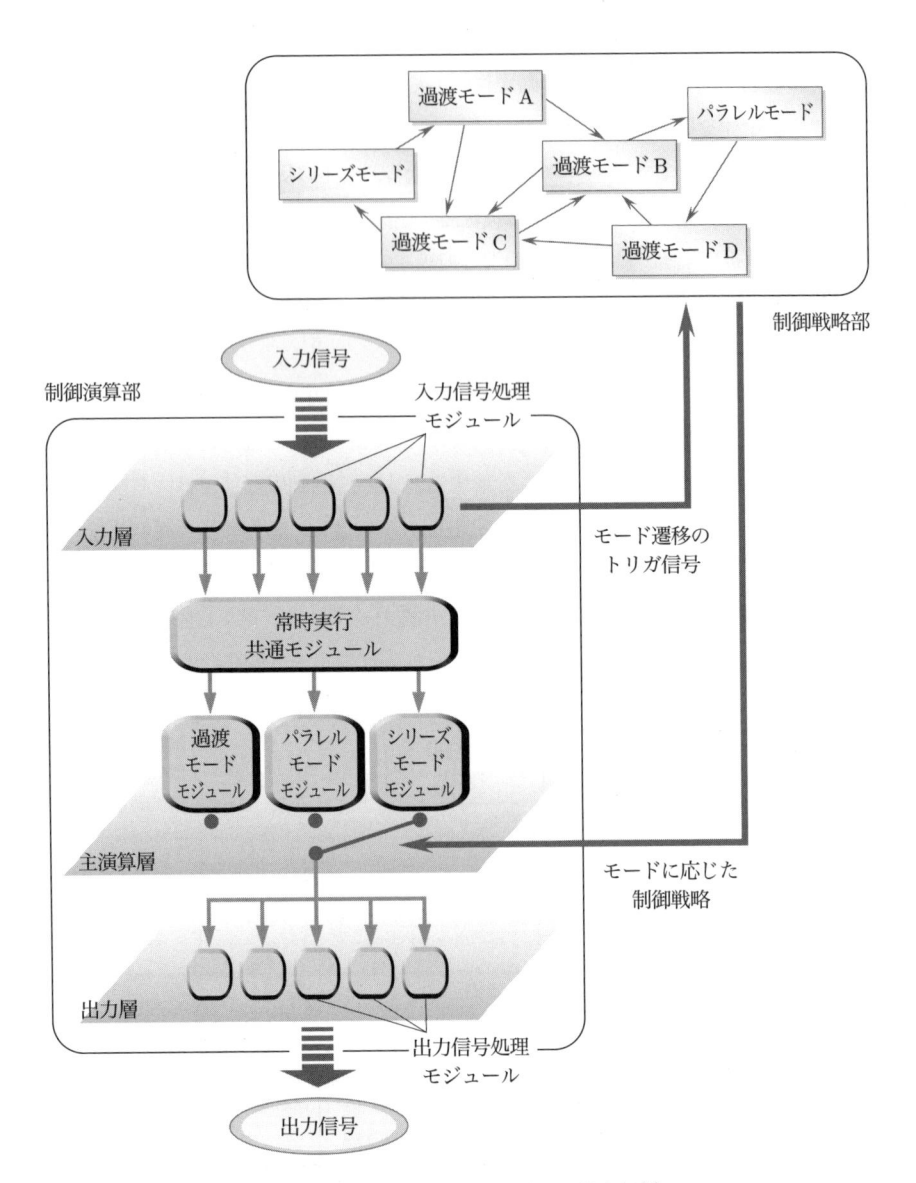

図4.12 協調制御アルゴリズムの構成例[4]

を切り替えて動作させることになる．その例を図4.13のタイムチャートで示す．シリーズモード（モータ走行モード）では，クラッチを切ってエンジンを車軸から切り離し，駆動用モータをトルク制御する．パラレル走行モードへ移行する際には，まず，エンジンを回転させるように発電用モータをトルク制御し（過渡モード1），つぎにエンジンを始動させ（過渡モード2），その後クラッチをつなぐ際のショックを抑えるべくクラッチ両側の回転速度を一致させる制御を行い（過渡モード3），クラッチをつなぎ始め（過渡モード4），つないだ後にパラレルモード走行に移行するといった制御をシーケンシャルに実行する．こうした制御において，状態遷移図を活用すれば，何をトリガにして，どのような制御戦略に移行するのかを見通し良く設計で

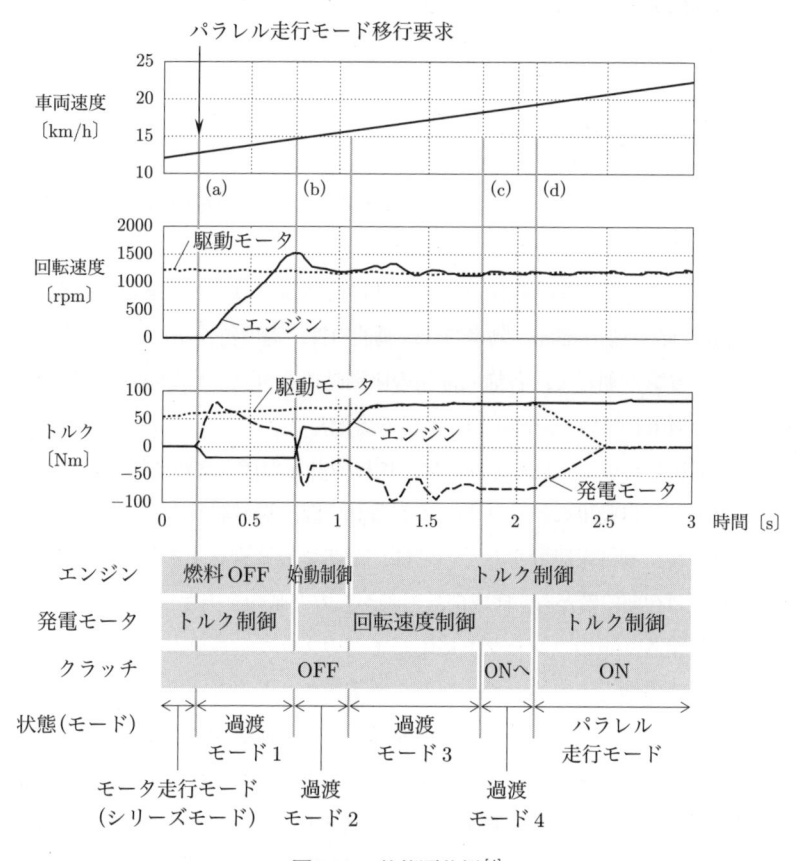

図4.13 状態遷移例[4]

きる．

　制御演算部では，データフローに沿った階層化が有効となる．状態検出や状態推定を行う入力層と，制御演算を行う主演算層と，各構成部品への指令を決定するアクチュエータ層に分ける．各層には構造化も利用する．こうすることで，各制御ブロックのメンテナンス性および再利用性を向上させることができる．

　特に，主演算層は，エンジン，モータ，二次電池などを動的に協調動作させる機能が求められることから，それらの動作範囲やダイナミクスを考慮したアルゴリズム設計が必要となる．そこで，それらの特性を盛り込んだモデルを制御系設計CAD上（たとえば，MATLAB/Simulink）に構築し，そのモデルを所望の性能で動かすことができる制御アルゴリズムを，シミュレーションによる検討を通じて作り上げていく．

4.2.5　高度な摺り合わせ

　協調制御のアルゴリズムは，エンジン，モータ，二次電池の得手不得手を考慮しつつ，ハード構成のポテンシャルを最大限引き出すように，全体の動きを俯瞰して設計する．このときにも，制御系設計CADを利用したシミュレーション検討が有効である．各構成部品の動作範囲，効率特性，動的特性，温度特性などをモデリングし，シミュレーションを通じて，各構成部品の協調動作を可視化しながら，協調制御アルゴリズムを構築していく（図4.14, 4.15を参照）．

　モデルを活用したシミュレーションは，機械設計との摺り合わせにも有効である．ハイブリッド電気自動車のパワートレイン設計の際，機械設計とパワーエレクトロニクス設計の後に制御系設計をしていては，全体を最適設計することはままならない．概念設計の初期段階から，構成部品の動かし方と制約を突き合わせてこそ，全体の最適設計に至る．車のコンセプトに応じてどのようなシステム構成にするか，蓄電池として二次電池とキャパシタのどちらを選択するか，モータとエンジンの容量配分をどう設計するかは，パワーやエネルギーをどう制御するかを中心にすえて決めていく．たとえば，モータによる駆動力アシスト制御を前提とすれば，最大出力を下げて熱効率を向上させる高膨張サイクル（アトキンソンサイクル）をエンジン設計に導入でき，移動効率を上げられる．候補となる構成部品のモデルと，それら

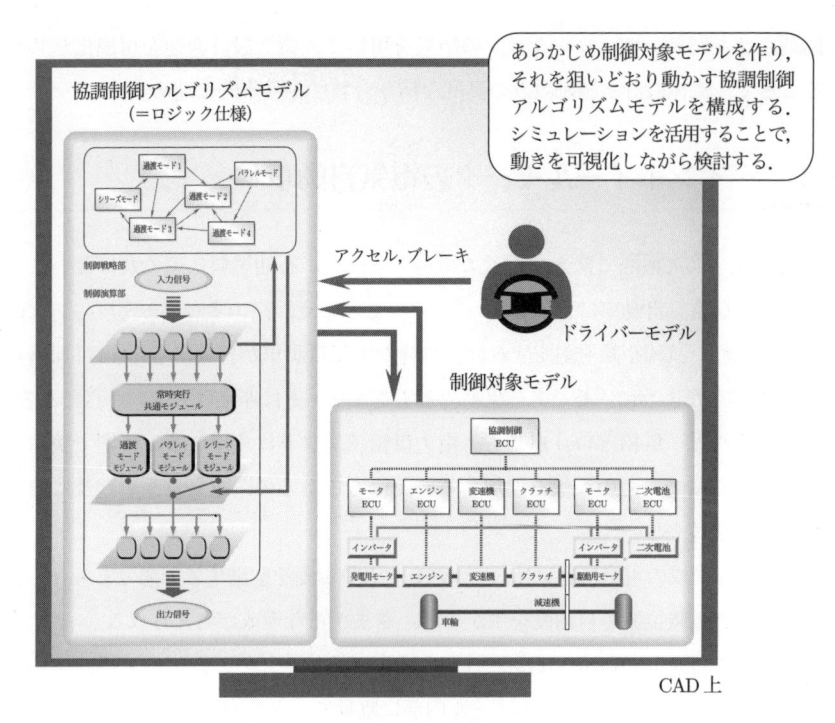

図4.14 モデルを活用した制御アルゴリズム構築

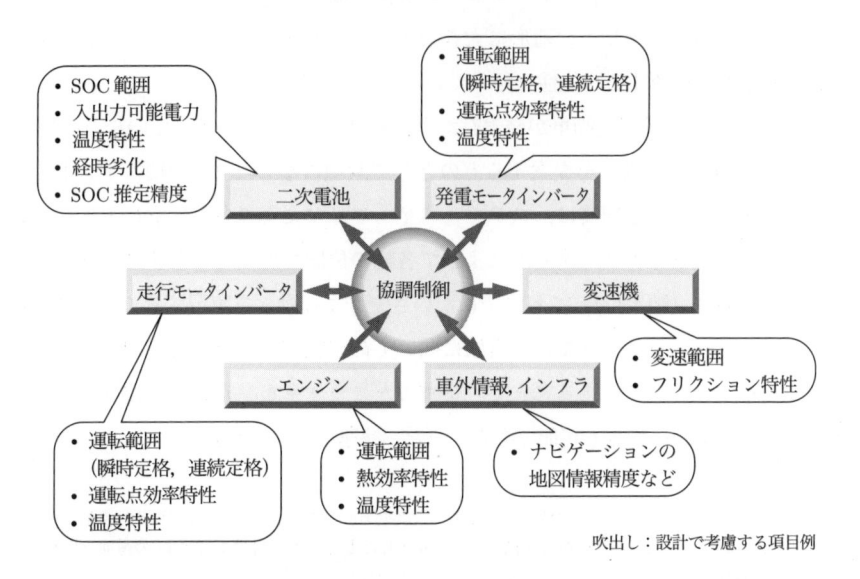

図4.15 協調制御を中心とした摺り合わせ

を協調させた制御シミュレーションの結果を用いて，概念設計課題を可視化し共有することで，機械設計と制御設計の高度な摺り合わせが効率的に進められる．

4.3 インホイールモータの電気自動車

現状では，二次電池に蓄えられるエネルギー密度が石油燃料に遠く及ばないことから，純粋な電気自動車は普及していない[8]．とはいえ，高エネルギー密度の二次電池が開発され，航続距離を限定すれば，純粋な電気自動車が普及する可能性は高い．4.1.2項で述べたように，モータを駆動源とするメリットは非常に大きいからである．また，エネルギー供給という点でも，電力供給インフラはすでに多くの国で整備されている．充電のための設備を追加する必要はあるものの，電気自動車普及に向けたハードルは高くない．

最も単純な構成の電気自動車は，一つのモータで車両を駆動する形態であろう．しかし，モータ搭載位置の自由度を生かせば，さまざまな構成が考えられる．

2001年にGeneral Motors（GM）社から発表されたコンセプトカー（図4.16 (a)）は，その好例である[5]．4輪のホイール内部に駆動モータを内蔵し，バイ・ワイヤ・システムと組み合わせて，エンジンルームを持たないスケートボード状の走行システムとしている．キャビンの造形に大きなインパクトをもたらし，キャビンのデザインや快適性を革新する可能性を秘めている．

また，2007年に日産自動車が発表したコンセプトカー PIVO2（図4.16 (b)）は，電気自動車の新しい動きを提案するものとして話題になった[6]．4輪はインホイールモータ駆動であると同時に，ステア・バイ・ワイヤにより各々独立に大きく転舵できる．ラウンドアクチュエータによって各輪の位置を変えることまで可能なシステム構成であり（図4.17），これまでにないさまざまな動きを実現することができる（図4.18）．低速走行シーンでは，真横に向いて縦列駐車する動きを実現する．車体に対する車輪の位置を変えることで，止まったままキャビンだけ横に寄せる，前に出るといった細かい動きも可能である．また，減速シーン，加速シーン，旋回シーン

---

[8] 乱暴な計算ではあるが，二次電池のエネルギー密度を100 Wh/kg，100 Wh当たりの自動車走行距離を500 m，1充電当たりの航続距離を500 kmとしたとき，電気自動車には1tの電池を搭載する必要がある．

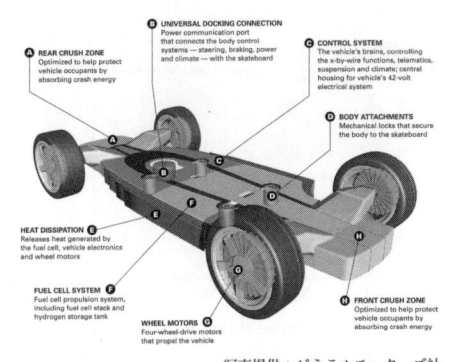

4.3 インホイールモータの電気自動車　101

(a) GM コンセプトカー AUTOnomy　　(b) 日産自動車コンセプトカー PIVO2

図4.16　インホイールモータ電気自動車の例 [5][6]

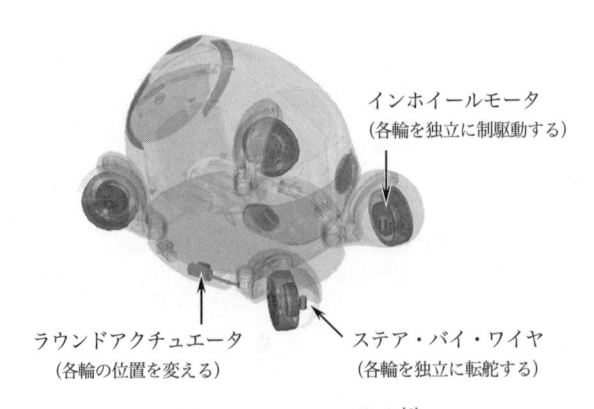

図4.17　PIVO2の構成 [6]

では，それぞれの状態に応じて車輪の位置を適正に動かすことで，車輪への荷重配分を均等化し，走行性能を向上させる．

4.3.1　4輪独立モータ走行システム

4輪インホイールモータによる走行システムでは，車の構造設計だけでなく，車両運動性能も大きく変わってくる．車両運動は，4輪のタイヤが路面から受ける反力によって決定されるものであるから，それらを独立に素早く正確に調整できるインホ

102　第4章　ハイブリッド車・電気自動車の走行制御

■ 縦列駐車時

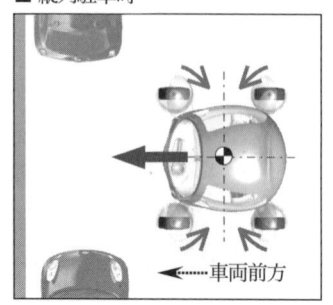

前進するように縦列駐車が可能

■ 横に寄る

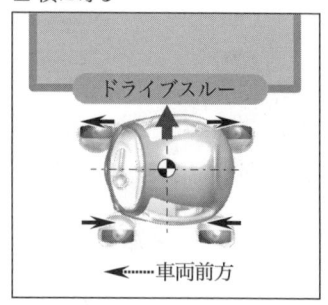

ドライブスルーで商品を受け取る際，手を伸ばさなくてもOK

■ 前に出る

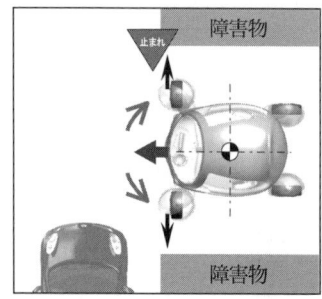

一時停止時，身を乗り出して左右確認が可能

■ 加速時

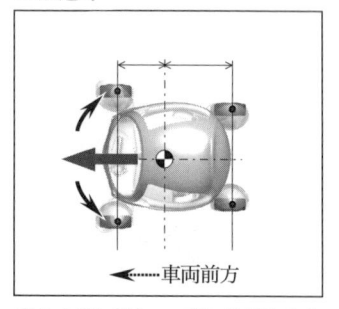

重心を前に出し，4輪に均等な力をかけることで，スムーズに加速

■ 減速時

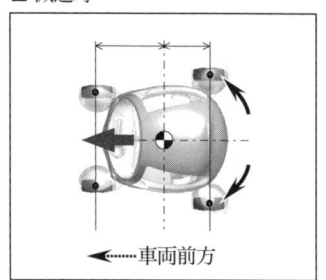

重心を後ろに下げ，4輪に均等な力をかけることで，スムーズに減速

■ 旋回走行時

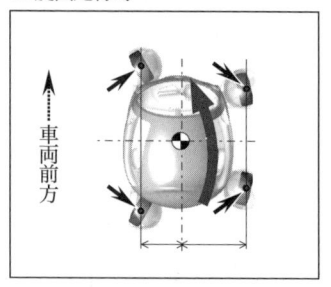

重心を内側に移動し，4輪に均等な力をかけることで，安定して旋回

⇐ タイヤの転舵の動き　⇐ タイヤの公転の動き　⇐ 車両の向き

図4.18　PIVO2の動き [6]

イールモータの4輪独立モータ走行システムは，自動車の走りを俊敏かつ安定にできるポテンシャルを持つ．

従来の自動車でも，エンジンパワーを機構的に4輪に配分するものはある．しかし，配分の合計は一緒であり，各輪は駆動力に限定されるという制約を抱えている．これに対して，4輪独立モータ走行システムの場合，4輪の駆動力を個別に調整できるだけでなく，駆動から制動まで調整できるため，応答性や制御精度に加えて操作自由度を生かして，従来の自動車を超えた高度な動きが可能となる．

図4.19（a）に示すように，円軌道を一定速度で自動車が旋回している場面を例に挙げよう．旋回中，旋回内側車輪への荷重は減少し，旋回外側車輪への荷重が増加

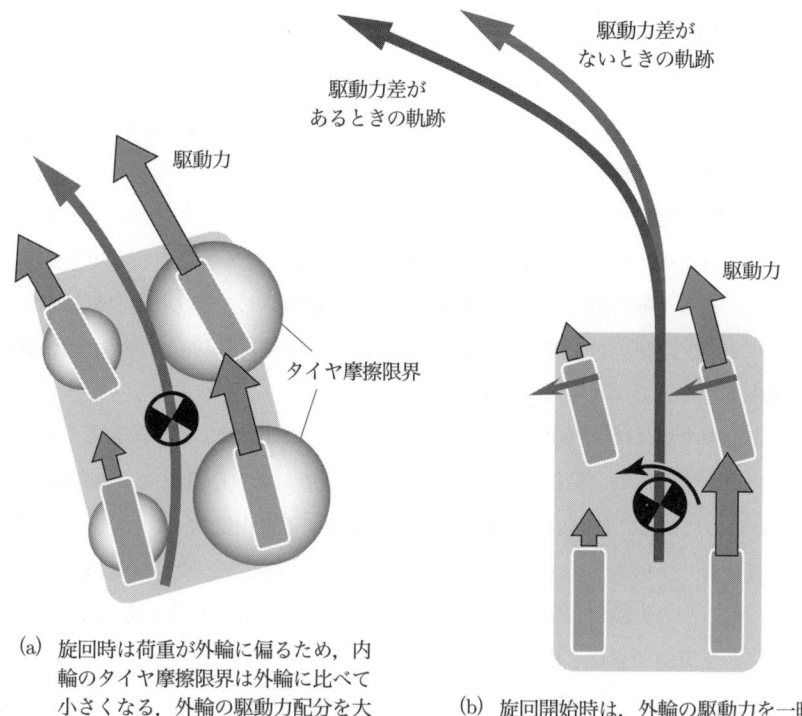

(a) 旋回時は荷重が外輪に偏るため，内輪のタイヤ摩擦限界は外輪に比べて小さくなる．外輪の駆動力配分を大きくすることで，4輪が等しくスリップしにくい状況を作り出すことができる．

(b) 旋回開始時は，外輪の駆動力を一時的に大きくすることでヨーモーメントを増加させれば，旋回過渡挙動を俊敏にすることができる．

図4.19　車両運動を向上させる駆動力配分例

する．したがって，内外輪に同一の駆動力を配分した場合，旋回内側の車輪は外輪よりも滑りやすくなる．この傾向は横加速度が大きいほど顕著になる．そこで，駆動力を4輪に配分できる自由度を生かし，4輪の駆動力の合計は変えずに，車両の旋回が急であるほど外側輪の駆動力を大きく配分する．こうすることで，内外輪の滑りやすさの偏りが軽減され，安定な定常旋回を実現できる．

また，図4.19 (b) に示したように，自動車の過渡的な動きも改善できる．直進走行状態からドライバーがステアリングを切った際，ステアリング操作に応じた前輪転舵により，自動車は旋回を開始する．そのときにも左右の駆動力差を使って過渡的に旋回をアシストすれば，自動車のヨー方向の応答性を改善し，転舵のみでは困難な機敏な動きが実現できる．たとえば，ステアリングを左に切ったときには，一時的に右輪の駆動力を増し，左輪の駆動力を減らす（あるいは制動力を加える）ことにより，旋回初期状態において反時計回りのヨーモーメントを付加するといった具合である．駆動力配分の自由度を生かすことで，自動車の前後方向の運動だけでなく，旋回方向の運動まで制御できる．

滑りやすい雪道においても，路面との接地状態に応じたトラクション制御を各輪独立に行えるため，従来よりも優れた発進性能と安定性能を両立できる[7]．走り出すときに，ある1輪が滑りやすい氷結路上にある場合には，その車輪の駆動力だけを，スリップを抑制すべく抑えればよく，氷結路上の1輪とは独立に他の3輪の駆動力を達成することで，安定に発進できる．

旋回走行中であれば，4輪独立モータ走行システムの効果は，より顕著になる．旋回走行の車両平面運動（前後運動，横運動，ヨー運動）の自由度（すなわち制御量）が3であるのに対し，各輪の制駆動力を独立に操作する自由度は4であり，自由度を一つ冗長に有しているからである（図4.20を参照）．1輪がトラクション制御される場面や，何らかの失陥が発生して駆動力が0になる場面では，ある1輪で思いどおりの路面反力を実現できなくなる．ところが，この冗長な制御自由度を上手に使い，路面反力が思いどおりに達成できない状況に応じて瞬時に他の3輪に駆動力を再配分する再構成制御（reconfiguration control）をすれば，何事もなかったかのように安定な車両の旋回走行を維持できる可能性がある[8]．

操作自由度の数　　　制御量の数

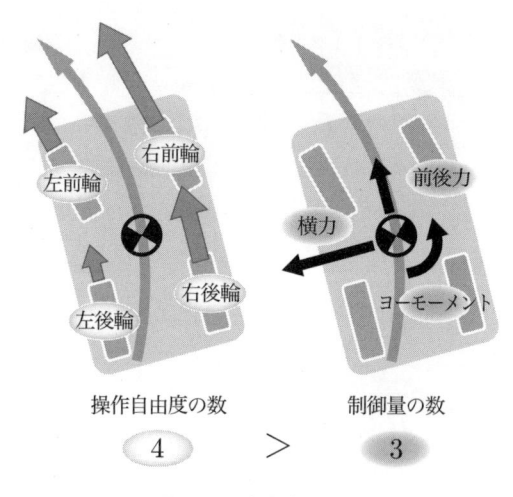

4 ＞ 3

図 4.20　自由度の関係

4.3.2　制御対象モデルと制御理論

　前項で述べたように，4輪独立モータ走行システムでは，4輪の制駆動力をきめ細かく調整することで，自動車の走りを俊敏かつ安定にできるポテンシャルを持つ．このポテンシャルを引き出すためには，モータの制駆動力によってタイヤからの反力がどのように発生し，その反力に対して自動車の運動がどのように反応するかという本質を定量的に表現する制御対象モデルを作成し，そのモデルの特性を引き出す制駆動力制御コントローラをシステマティックに導出することが重要である．導出の際には，体系的数学的手法である制御理論を適用すると効果的である．

　トラクション制御をPID制御で行う例を4.1.2項で紹介したが，よりスリップの抑制効果を上げて走行性能を向上させるためには，図4.21に示したように，制御対象のモデルを組み込んだフィードバック制御理論を使う[7]．たとえば，車輪がスリップしない状況において，駆動トルク指令値 $T(s)$ を入力としたときの車輪回転角速度 $\omega(s)$ に対する動特性 $G(s)$ を用いる．$G(s)$ は，駆動トルク指令値 $T(s)$ から実モータトルクを発生するまでを一次遅れ近似した伝達特性と，実モータトルクから車輪の回転角速度までの特性を慣性系として表した伝達特性との乗算などを用い，次式のように簡潔に表現する．

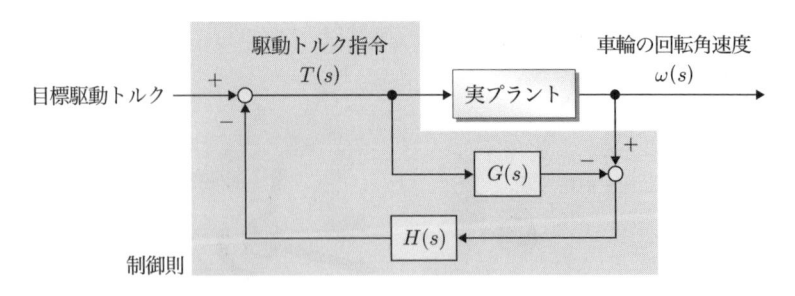

図4.21 トラクション制御の構成例

$$\omega(s) = G(s)T(s) = \frac{a}{Js}\frac{1}{\tau s+1}T(s) \tag{4.3}$$

ただし，sはラプラス演算子である．

　車輪がスリップしない状況においては，駆動トルク指令値$T(s)$を入力したときに実プラントとモデル$G(s)$の出力は一致するため，図においてフィードバック項は0になる．つまり，実プラントへの駆動トルク指令値は，目標駆動トルクを達成するように演算される．しかしながら，モデル$G(s)$は実プラント特性と完全に一致するとは限らないことから，低周波数域のモデル誤差の影響を低減するため，ハイパスフィルタ$H(s)$を介してフィードバックするというテクニックを使う．

　車輪がスリップする状況においては，駆動トルク指令値$T(s)$に対する回転角速度$\omega(s)$の動特性は，$G(s)$より速い応答特性となる．このとき車輪の回転角速度ωは実回転角速度より大きくなり，その差が大きいほど駆動トルク指令値はフィードバックにより小さい値に補正される．このように，モデルと実プラントの出力差から系の挙動を乱す外乱の大きさを動的に推定する制御理論を，**外乱オブザーバ**という．モータは制駆動力の制御精度が高いため，外乱を正確に検出して適正な制駆動力に補正できる．乗員が気づかないほど滑らかで安定したスリップ抑制性能が得られる可能性がある．

　さらに，目標駆動トルクに対する応答性と，路面外乱に対する安定性を両立するには，**2自由度制御**を適用するとよい．2自由度制御は，路面外乱に対してフィードバック制御で安定化し，安定化によって損なわれる応答性をフィードフォワード補償する汎用的な制御手法である．

　4輪インホイールモータによる車両運動制御設計においても，モデルの作成と制御

理論の適用が重要である．4輪の制駆動力配分は，車両の加減速だけでなく旋回運動にも影響を及ぼす．制駆動力に応じて各輪の路面反力がどのように発生するかを記述するタイヤモデルと，4輪の路面反力と車両状態に応じて車両運動がどのように動的変化するかを記述する車両モデルをそれぞれ作成し，それらを統合したモデルの特性に基づいて制御則を設計する．

この際，特に非線形性を有するタイヤモデルの記述が，制御系設計に大きく影響する．タイヤには，制駆動力が変化したとき，タイヤに対する横向きの反力も変化する特性があるためである（図4.22を参照）．たとえば，図において（1）の動作点から駆動力を減らして（2）の動作点に移動させるとき，横力が連動して増加する．この干渉を考慮したタイヤモデルが必要となる．

こうしたタイヤモデルとしては，図4.23に示したブラシモデル（brush model）が一般的に用いられる[9]〜[11]．ブラシモデルは，タイヤを円環状のベルトの外周にブラシ状の弾性体を無数に貼り付けたものとして，タイヤと路面間に発生する力やモーメントを導く物理モデルである．各弾性体は，タイヤが接地し始める点L（leading edge）では伸縮していないが，それ以外の点では，タイヤ周速V_r（＝タイヤの有効半径R_e×タイヤの回転角速度Ω）とタイヤ移動速度V_xとのズレに応じて伸縮する．たとえば，制動時には$V_r < V_x$の関係にある．したがって，弾性体は図4.23（a）のように，タイヤ接地面後方の端点T（trailing edge）に近づくほどブラシが伸びて路

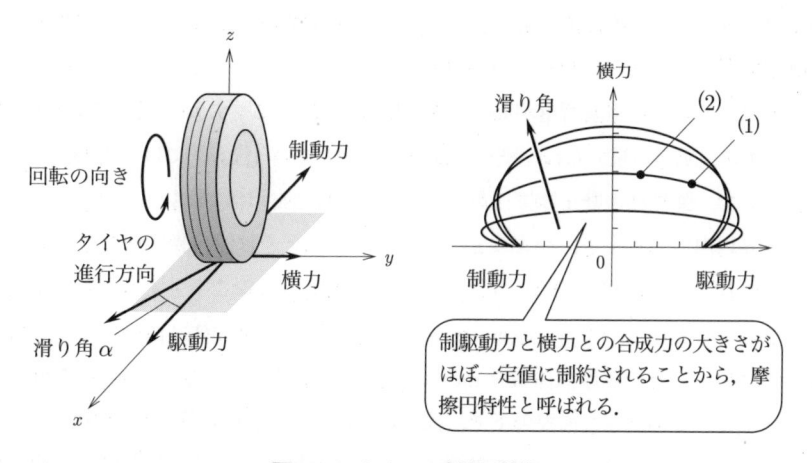

図4.22 タイヤの摩擦円特性

(a) 前後変位量分布

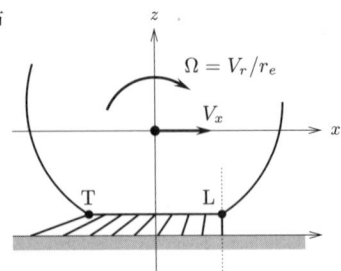

(b) 接地面圧分布

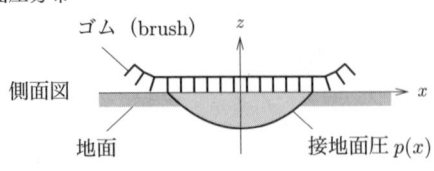

(c) 横変位量分布

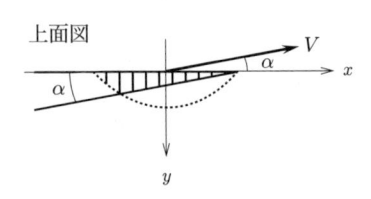

図 4.23　タイヤ力の物理モデル

面に引っ張られる．弾性体の剛性を c，弾性体の伸縮量を $a(x)$ とすると，各弾性体には x 軸の向きに $ca(x)$ の力が働こうとする．

一方で，タイヤに垂直荷重が加わると，図 4.23（b）に示すように，弾性体は z 軸方向に縮み，垂直荷重分布は x 座標に依存する特性 $p(x)$（代表的には二次関数）となる．ここで，弾性体の静止摩擦係数を μs とすれば，弾性体に働こうとする力が静止摩擦限界以内であるとき，つまり $\mu s p(x) \geq ca(x)$ のときは，各弾性体は路面と粘着状態にあり，$ca(x)$ の力が作用するものとする．弾性体に働こうとする力が静止摩擦限界を超えたとき，つまり $\mu s p(x) < ca(x)$ のときは，各弾性体は路面に対して滑っている状態にあり，動摩擦係数を μd（$< \mu s$）としたときに $\mu d p(x)$ の力が作用するものとする．このような前提の下で，接地面内における各弾性体の作用力を積分し，タイヤに発生する x 軸方向の力を計算する．タイヤ接地面前方（点 L 側）は路面に

粘着しているが，ある静止摩擦限界を超えた点を境に，後方（点 T 側）は滑っていることになる．また，V_r と V_x の差が大きいほど，つまり制動力を強めるほど，$a(x)$ は増加していくため，滑り領域はタイヤ前方に拡大していく特性となる．

タイヤに発生する横力も複合的にモデリングする際には，タイヤの向きとタイヤの進む向きとのなす角（タイヤスリップ角 α）による弾性体の横変位も同様に考慮する（図 4.23 (c) を参照）．弾性体が y 軸方向にも伸縮することから，x 軸および y 軸の伸縮量 $a(x, \alpha)$ と静止摩擦限界をもとに粘着領域か滑り領域かを判断して，各弾性体に発生する力を演算し，それを接地面内に渡って積分することで，タイヤに発生する力を記述する．このような物理モデルを用いれば，粘着領域とスリップ領域が混在する接地面状況を記述し，それに基づきタイヤの縦力と横力の関係（図 4.23）を定量的に表すことができる．こういったモデルに対して制御理論を活用すれば，系統的に制御則を構築していくことも可能となる．

4.3.3　パワーエレクトロニクス技術と制御技術で新しいモビリティを

自動車におけるパワーエレクトロニクス技術は，従来の機械結合制約を取り払う Power-by-Wire 技術であるとともに，新しい操作自由度を生み出す技術と捉えることもできる．ハイブリッド電気自動車用の駆動モータは，エンジンとのパワー配分の自由度を生み出し，二次電池はエネルギーマネジメントの自由度を生み出す．4輪インホイールモータでは，4輪を独立に制駆動する操作自由度が生まれ，ステア・バイ・ワイヤを導入すれば，ドライバーのステアリング操作に対して転舵角を補正する自由度が生まれる．4輪独立ステア・バイ・ワイヤにすれば，さらにその自由度は増えていくといった具合である．パワーエレクトロニクス技術は，制御性に優れた新しい操作自由度を生み出す技術と言えよう．

生み出された自由度を自動車の価値に結びつけるためには，制御技術が大事である．ハイブリッド電気自動車では，操作自由度を生かして省燃費を実現する協調制御が重要である．4輪インホイールモータ自動車では，4輪に制駆動力を配分する自由度を生かして，車両の旋回運動を俊敏かつ安定にする車両運動制御技術が必要である．操作自由度が増えれば制御システムは複雑になり，各々の操作量に対する系の動特性を踏まえた制御則を構築することは難しくなっていく．そこで，制御対象

の本質的特性を表すモデルを構築し，そのモデルに基づいて制御理論を適用するといったアプローチによる制御技術，すなわち，**モデルベース制御**（MBC）が大事になる．

操作自由度を増やすと，自動車の性能ポテンシャルが向上する反面，概念設計は困難になっていく．4輪インホイールモータ自動車にステア・バイ・ワイヤやブレーキ・バイ・ワイヤを付加すれば，4輪の路面反力をきめ細かく調整でき，車両運動をさらに高度化するポテンシャルを持つことになる．その反面，タイヤの横力と縦力が干渉して摩擦円特性の制約を受けることから，車輪の制駆動力と転舵角をどのように連携して操ることで新しい車両運動を実現できるかという，動きの概念設計が困難になっていく（図4.24を参照）．

また，インホイールモータ，ステア・バイ・ワイヤ，ブレーキ・バイ・ワイヤには，車載電池から電力供給を行うことになるが，それぞれの電源系統についても故障を考慮した概念設計が必要である．ある一ヶ所の故障によりすべての電源系統が停止し，走行中に車両が制御不能に陥るといった状況は避けなければならない．故障時の致命度を考慮しながら信頼性を確保するように設計することになるが，当然操作自由度が増えればその設計も困難になっていく．故障に応じて，機能を保全するように他の操作量を自動制御する，あるいは電源系統を自動変更するといった，再構成設計も必要かもしれない．

これらの概念設計には，確立された設計手法があるわけではない．しかし，システムを構成する機能部品のモデル（タイヤモデル，車両モデル，モータモデル，機構モデル，電池モデル，制御則モデルなど）をCAD上に作成し，そのモデルを用いたシミュレーションを通じてコンセプトの定量的検証を行う手法は，システムの構成，動き，エネルギーの流れなどを俯瞰して可視化できる点で有効であり，概念設計における摺り合わせを効果的にする．また，それらのモデルを記述する際に，構造化，階層化，状態遷移図といった手法を取り入れるとよいことは，4.2.4項に示したとおりである．

今後，環境保全，安全，新しい動きなどの観点から，自動車はますます進化していくであろう．ナビゲーションや信号機などのインフラと連動して省エネルギー走行を実現する制御システム，周囲を走行する車両や道路交通状態を画像などで検出して自車を安全なほうへ誘導するシステム，PIVO2のような新しい動きを実現するシ

4.3 インホイールモータの電気自動車

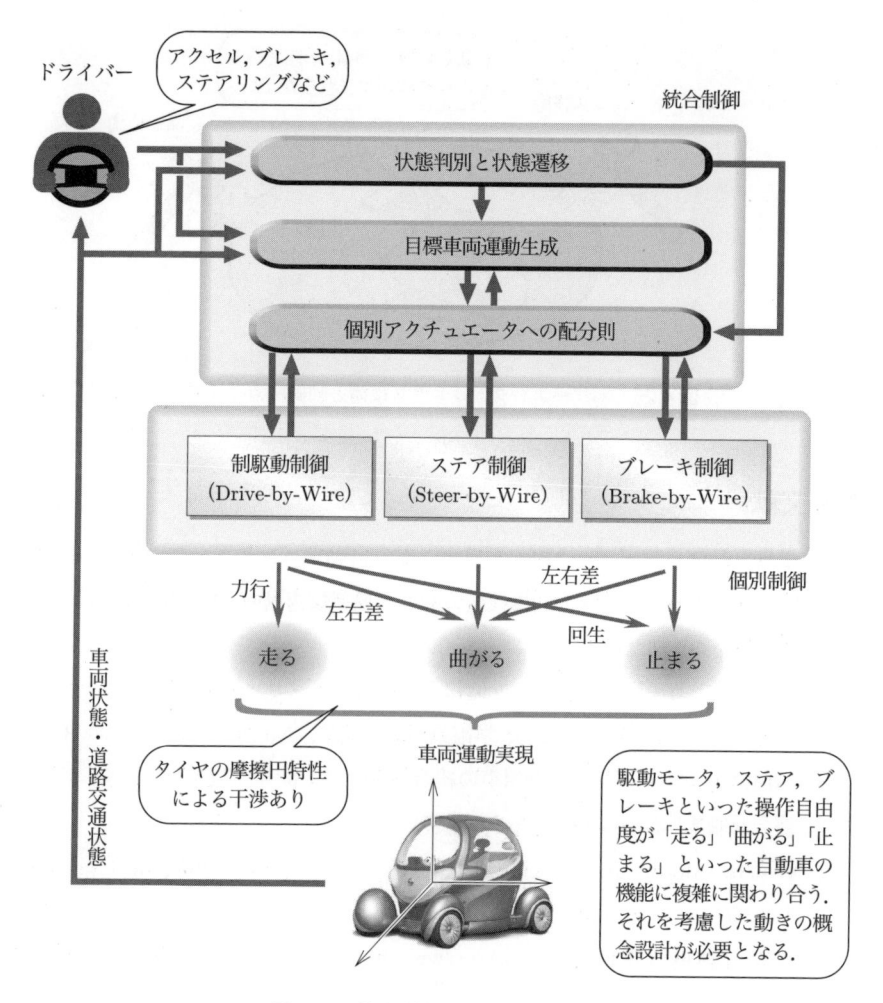

図4.24 統合制御システムの構成例

ステムなどが商品化される日は近いかもしれない．

操作自由度をもたらすパワーエレクトロニクス技術，および，それを使いこなす制御技術は，こういったドライバー操作以外による動きや，ドライバー操作能力を超えた動きの実現も容易にするため，今後の自動車概念設計の中心的技術として大いに期待される．パワーエレクトロニクス技術と制御技術が，従来の自動車に課せられた制約の殻を破り，新しい移動体が生み出されようとしている（図4.25を参照）．

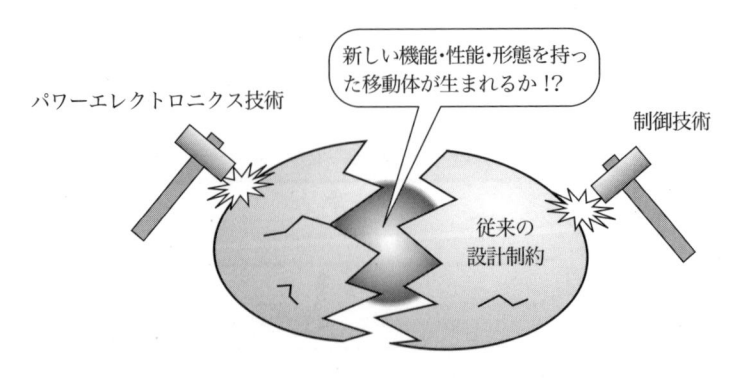

図4.25　パワーエレクトロニクス技術と制御技術の役割

参考文献

[1] 電気自動車ハンドブック編集委員会：電気自動車ハンドブック，丸善，2001.
[2] 清水健一：ハイブリッド制御技術の変遷と最新技術動向，自動車技術，Vol.56，No.9, pp.70–75, 2002.
[3] 出口ほか：カーナビゲーション情報を用いたハイブリッド電気自動車の充放電制御システム，自動車技術会 学術講演会前刷集，No.29-03, pp.1–4, 2003.
[4] 出口ほか：ハイブリッド乗用車の統合制御ソフト開発，自動車技術会 学術講演会前刷集，No.99-99, pp.5–8, 1999.
[5] General Motors Asia Pacific 広報資料 ── http://www.gmjapan.co.jp/info/fuelcell/potential.html
[6] 日産自動車広報資料 ── http://www.nissan-global.com/JP/PIVO2/index.html
[7] 堀 洋一：電気と制御で走る近未来車両に関する研究，FEDレビュー，Vol.3, No.4, pp.1–22, 2004.
[8] 山口ほか：駆動力再構成による電動車両の挙動安定化に関する一考察，自動車技術会 学術講演会前刷集，No.104-06, pp.11–14, 2006.
[9] 自動車技術基礎講座（第3章：制動力学と制御機構，第4章：運動性能），自動車技術会会誌連載，自動車技術会，2000.
[10] H. B. Pacejka : *Tyre And Vehicle Dynamics*, Butterworth-Heinemann, 2006.

[11] 安部正人：自動車の運動と制御，東京電機大学出版局，2008.
[12] 自動車技術ハンドブック（2：環境・安全編），自動車技術会，2005.

第5章 電池と電源システム

5.1 移動体の電源

　移動装備では，固定設備と違って，移動設備内に電気エネルギー源を用意する必要がある．そのためには，移動中に発動発電機や燃料電池で電気エネルギーを生成するか，蓄電装置に貯蔵するか，あるいは両者を組み合わせるかの，いずれかの必要があるが，一般には充電可能な二次電池が搭載されることが多い．しかしながら，このような電源は，陸上インフラの電力網に比べると安定性が低く，エネルギー容量もパワー容量も限られる．電源の能力が，最終製品のサイズや重量，航続距離，サービス時間，動作温度範囲，製品寿命，安全性などを左右すると言っても過言でなく，システムの概念設計では電源がすべての始まりとなる．したがって，システム設計の担当者は，二次電池の担当者と密に摺り合わせを行う必要がある．システム設計担当者が電気化学の本質を理解すべきことはもちろんであるが，電池の担当者も電流電圧特性や劣化特性を生データで出すのではなく，電池を利用する立場の回路設計者に理解しやすい**モデル**の形式で，たとえば等価回路モデルなどを提供すべきである．

　パワーデバイスでは，電気特性や温度特性などのデータシートのほかに，等価回路や熱・回路連成モデルが各メーカから提供されていて，シミュレータを用いて性能や温度マージンが確認できる．二次電池においても，実使用条件での動作を回路シミュレーションで確認できるようにすることが，システムの性能や信頼性の向上につながる．

　移動体で利用可能なさまざまの電源を表5.1にまとめた．内燃機関を使う発電機を除けば，二次電池，電気二重層キャパシタ，燃料電池が応用上重要な電源装置であ

表5.1 移動体で利用できる電源

電気化学キャパシタ		電気二重層キャパシタ レドックスキャパシタ
化学電池	一次電池	マンガン電池 アルカリ電池 亜鉛空気電池
	二次電池	リザーブ型 ● 鉛蓄電池 ● ニッケルカドミウム電池 ロッキングチェア型 ● ニッケル水素電池 ● リチウムイオン電池
燃料電池		固体高分子型 固体電解質型
物理電池		太陽電池 原子力電池
発電機		内燃機関＋発電機 外燃機関＋発電機 人力発電

る．二次電池と燃料電池は，酸化還元反応を利用する電気化学装置である．電気二重層キャパシタは，電極と電解質の界面に蓄積される静電エネルギーを利用する物理装置である．キャパシタが酷使に耐えるのに対して，一般に二次電池は深い充放電を繰り返すとサイクル寿命が急速に短くなるため，長期信頼性が要求される場合には，充放電領域を抑えた設計が必要である．

　蓄電装置のエネルギー密度とパワー密度はトレードオフの関係にある．電気を物質の内部に蓄蔵すればエネルギー密度が上がるが，取り出すときの速度は遅くなる．物質表面に着荷すれば瞬時に取り出せるが，蓄積エネルギーに限界がある．図5.1はいろいろな電源のエネルギー密度とパワー密度を両対数軸上に示したもので，**ラゴーニプロット**（Ragone plot）と呼ばれる．

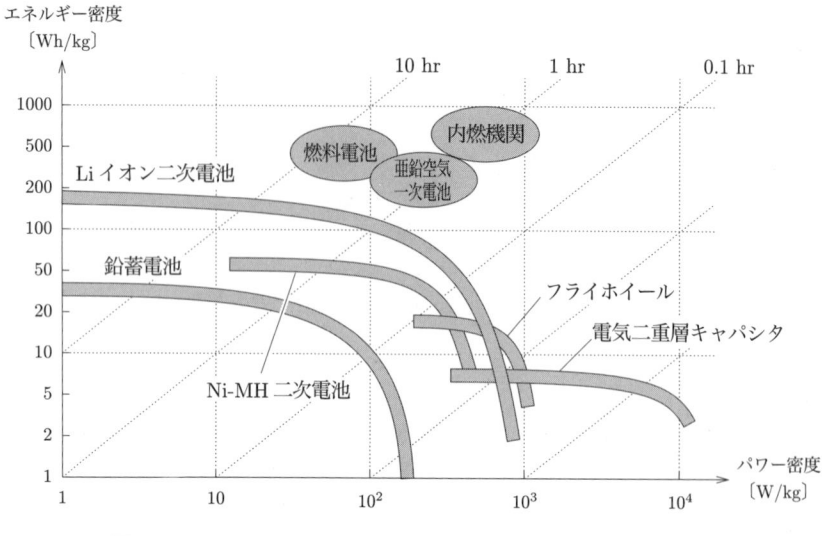

図5.1 ラゴーニプロット（Ragone Plot）（2009年時点での数値）

5.2 燃料電池

5.2.1 燃料電池の原理と特徴

　燃料を燃やすと，燃料の酸化と酸素の還元が同じ場所で起こり，生成エネルギーが熱になる．燃料電池では図5.2のように燃料極と空気極を配置し，それぞれの電極において，電子を放出する酸化反応（アノード反応）と，電子を受け取る還元反応（カソード反応）を別々に行わせる．このとき，反応電子を外部回路（負荷）経由で移動させることにより，化学エネルギーを電気エネルギーとして外部に取り出すことができる．正極が空気電極であることから，金属空気電池との共通点が多い．
　燃料電池は蓄電装置でなくエネルギー変換装置（一次電池）であるが，電気分解（充電）すれば水素と酸素を発生するので，ガス溜と水溜までを含めた全体システムを構築すると，二次電池になる．水素・酸素燃料電池が一般的であり，その基本原理を図5.3に示す．天然ガスなどを触媒反応で内部改質し，水素に変換するタイプの水素・酸素燃料電池もある．
　水素・酸素燃料電池（以下では燃料電池と呼ぶ）は，水素と酸素から水の電気分

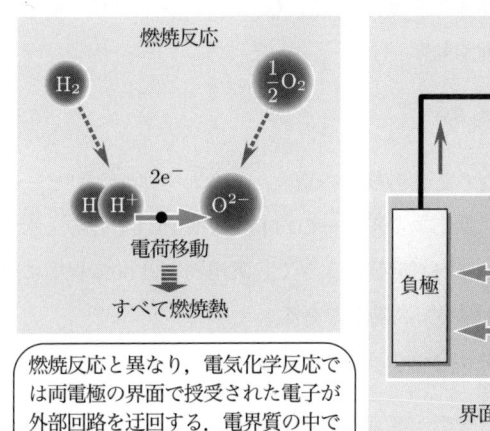

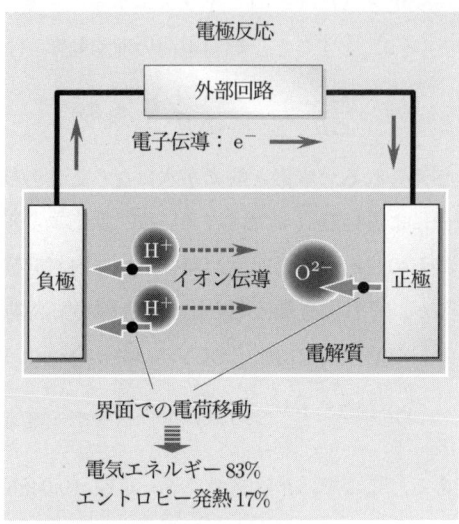

図5.2 燃焼と電池における酸化還元反応

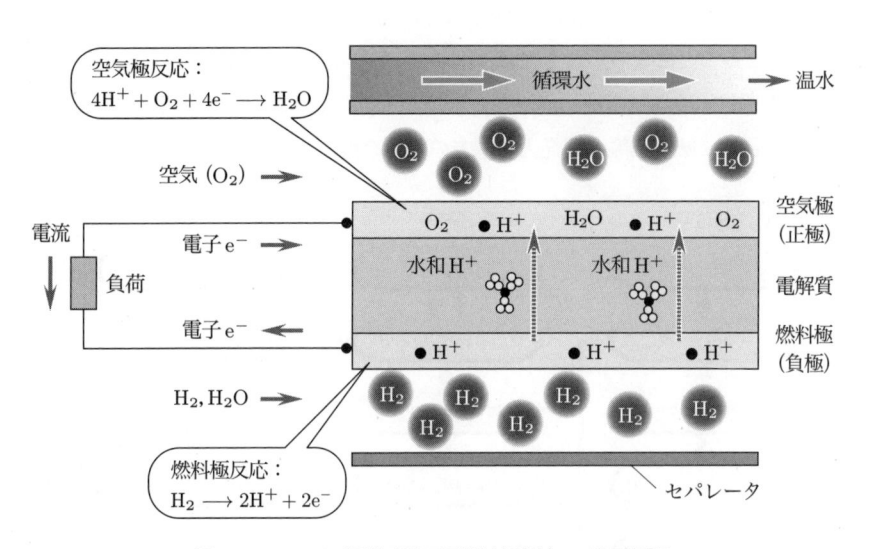

（燃焼反応）
H_2, $\frac{1}{2}O_2$
H H^+ $2e^-$ O^{2-}
電荷移動
⇒ すべて燃焼熱

（電極反応）
外部回路
電子伝導：e^-
負極 H^+ イオン伝導 O^{2-} 正極
電解質
界面での電荷移動
⇒ 電気エネルギー 83%
　エントロピー発熱 17%

燃焼反応と異なり，電気化学反応では両電極の界面で授受された電子が外部回路を迂回する．電界質の中では等量の電荷がイオンで伝導される（電気化学反応は電極と電界質の界面の数 nm 程度の狭い領域で起こる）．

図5.3 PEFC（固体高分子型燃料電池）の発電原理

空気極反応：
$4H^+ + O_2 + 4e^- \longrightarrow H_2O$

燃料極反応：
$H_2 \longrightarrow 2H^+ + 2e^-$

循環水 → 温水
空気 (O_2) →
電流　電子 e^- →　負荷　電子 e^- ←
H_2, H_2O →
空気極（正極）
電解質
燃料極（負極）
セパレータ
水和 H^+

解と逆の反応を使って発電する．電気化学反応が単位モル進捗したときのエンタルピー変化を ΔH（< 0），ギブズエネルギー変化を ΔG（< 0），エントロピー変化を ΔS（< 0）とすると，燃料電池の理論効率 ε は，

$$\varepsilon = \frac{-\Delta G}{-\Delta H} = \frac{-\Delta H + T\Delta S}{-\Delta H} \approx 83\% \tag{5.1}$$

で与えられる．水素と酸素が水になるときの秩序の増大，すなわちエントロピーの減少による発熱（$-T\Delta S > 0$）に，反応エネルギーの約17%が使われている．水素と酸素の起電反応の速度が遅いために内部抵抗が大きく，実用効率は60%程度に落ちるが，それでも熱機関と比べると極めて高効率である．

燃料電池の開放電圧（OCV：Open Circuit Voltage）は，

$$\mathrm{OCV} = -\frac{\Delta G}{2F} \approx 1.23\,[\mathrm{V}]\quad（＝水の電気分解開始電圧） \tag{5.2}$$

である．ここで，F はファラデー定数（9.6485×10^4 C/mol）である．

燃料電池は，熱機関なしに発電ができ高効率であること，多様な燃料を利用することができること，生成物が水なので環境汚染がないことなどの長所を持つ．一方，瞬時出力が小さく起動に時間がかかるなどの欠点があり，必要に応じて蓄電装置と組み合わせることになる．たとえば，図5.4の燃料電池車では，エネルギー密度が大きい固体高分子型燃料電池に，パワー密度が大きい二次電池を組み合わせて協調制御することで，航続距離と瞬発力の双方の要件を満たしている．

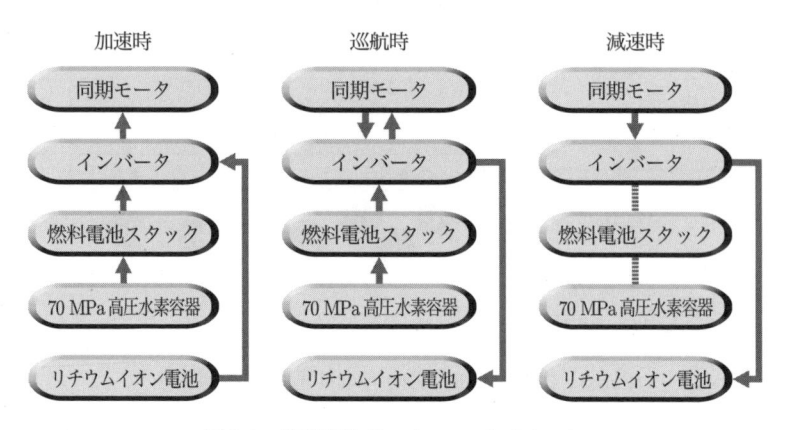

図5.4 燃料電池車のパワーマネジメント

5.2.2 固体高分子型燃料電池

　固体高分子型燃料電池（PEFC：Polymer Electrolyte Fuel Cells）の基本構造を図5.5に示す．これは触媒を担持[1]した多孔質電極で，高分子膜を挟み込んだ構造である．運転時にセル1枚当たり約0.7 Vの実用起電力を発生し，このセルをスタックして高電圧を発生している．素電池（セル，cell）を複数つないだものを組電池（バッテリー，battery）と呼ぶが，燃料電池の場合はスタック（stack）という．燃料極には水素やメタノールなどの燃料が供給され，

$$水素：H_2 \longrightarrow 2H^+ + 2e^-$$
$$メタノール：CH_3OH + H_2O \longrightarrow CO_2 + 6H^+ + 6e^-$$

の酸化反応によってプロトン（水素イオン）と電子に分解される．燃料極で生成したプロトンは，電解質膜（固体高分子膜）内を空気極へ移動する．空気極では，つぎのように，電解質膜から来たプロトンと空気中の酸素の還元反応により水が生成される．

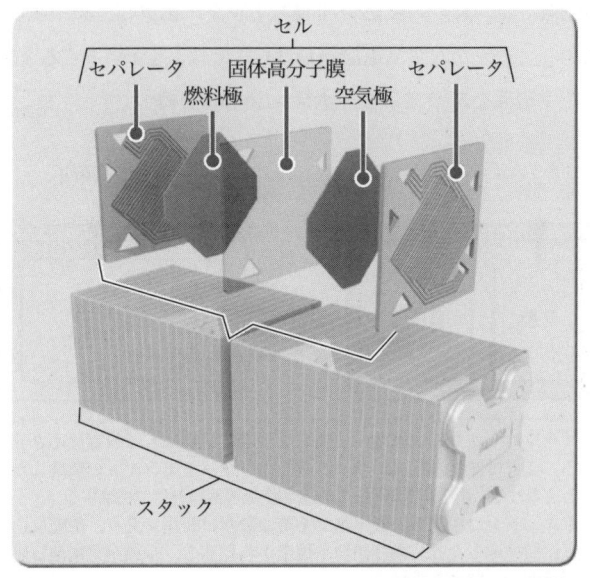

写真提供：荏原バラード（株）

図5.5　PEFC（固体高分子型燃料電池）のセルとスタック

---

[1] 上に乗せて保持すること．

$$4H^+ + O_2 + 4e^- \longrightarrow H_2O$$

電解質膜中でプロトンは水和されて（極性の大きな水分子と結合し，一緒に）移動するので，膜中の水分は燃料極から空気極へ移動し，燃料極側では水分が徐々に失われていくため，燃料中に純水を供給する必要がある．

5.3　金属空気電池

金属空気電池は，負極活物質として卑金属[2]，正極活物質として空気中の酸素を使った「金属の燃料電池」である．正極剤を電池内に持たず，放電時には空気極に酸素を含んだ外気を取り込む．したがって，電池内の大半を負極活物質とすることができる（図5.6を参照）．また，酸化力の強い酸素を正極に使うため，起電力が高く，エネルギー密度は他の電池に比べて大きくなる．負極材料としては，亜鉛，アルミニウム，マグネシウム，リチウムが挙げられ，この順にエネルギー密度が高い．ちなみに，亜鉛空気電池（Zn/O_2）の反応の理論エネルギー密度は，実用起電力を1.2 Vとして約1 kWh/kg，リチウム空気電池（Li/O_2）では，3.0 Vとすると約12 kWh/kgであり，他の化学電池を寄せ付けないポテンシャルを持つ．

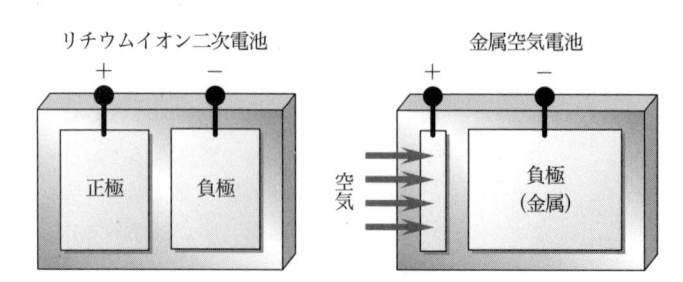

図5.6　リチウムイオン二次電池と金属空気電池

---

[2] 酸化されやすい金属のこと．貴金属の反対語．

空気電極での反応は空気の供給で律速されるため,正極に酸化剤を使った電池に比べると,一般にパワー密度は小さい.空気電極は取り入れた空気と,電子を授受する電極,反応生成物が移動する電解質で構成された,気相｜固相｜液相にまたがった複雑な反応系で,かつ電極反応の過電圧（電圧降下）も大きいため,改良が続けられてきた.技術的には燃料電池の空気極と共通点が多く,燃料電池の技術開発の成果が金属空気電池の進歩に貢献している.

5.3.1 亜鉛空気電池

亜鉛は電位が卑[3]なわりには水素過電圧が高い（水素の発生が起こりにくい）ので,電解質溶液にはアルカリ水溶液が使える.水酸化カリウム水溶液などは,古くからアルカリ乾電池で用いられていて,安全性が実証されているのが強みである.

亜鉛空気電池の放電反応は,

$$\text{正極反応}: O_2 + 2H_2O + 4e^- \longrightarrow 4OH^-$$
$$\text{負極反応}: 2Zn + 4OH^- \longrightarrow 2ZnO + 2H_2O + 4e^-$$
$$\text{全反応}: 2Zn + O_2 \longrightarrow 2ZnO$$

である.二次電池も可能だが,技術課題がまだ残っているため,一次電池としての実用化が先行し,補聴器や電気自動車,無人偵察機などに使われている.

5.3.2 リチウム空気電池

リチウムは金属のうち最もイオンになりやすく,これを負極として用いると,正極との電位差が大きくなる.また,リチウムは軽量であり,単位重量当たりの電気容量を稼ぐことができるため,昔から究極の電池として注目されてきた（ただし,単位体積当たりの容量は必ずしも良くない）.しかし,水溶液中では卑な金属ほど水を分解し水素を発生するので,有機電解質を使う必要があった.また,放電反応により固体の酸化リチウム（Li_2O）を生成するため,空気極が目詰まりさせる.さらに,生成物の酸化リチウムをリチウムに還元するサイクルにも問題があった.

---

[3] 電位が低いことを卑という.電気化学では,絶対値をもって「高電位」,「低電位」と定義する.たとえば,$-10\,V$ と $+1\,V$ では,$-10\,V$ が「高電位」になる.そして,$-10\,V$ が卑な電位になる.

このような諸課題を解決するための研究開発が進められている．図5.7に示す構造のリチウム空気電池では，負極に金属リチウムリボンを使い，電解液としてリチウム塩を支持塩として含む有機電解液を使う．また，正極の空気極側には水性電解液を使う．負極側の有機電解液と空気極側の水性電解液の間に，リチウムイオンのみを通す固体電解質が隔壁として置かれ，両電解液の混合を防ぐとともに，電池反応を促進している．こうすることで，放電反応により生成されるのが酸化リチウムではなくて，水性電解液に溶けやすい水酸化リチウム（LiOH）となるため，取り扱いが容易になる．

放電反応は，

負極反応：$Li \longrightarrow Li^+ + e^-$

である．リチウムイオンは固体電解質を通り抜けて正極の水性電解液に移動する．すなわち，

正極反応：$O_2 + 2H_2O + 4e^- \longrightarrow 4OH^-$

が成り立つ．リチウムイオンは水性電解液と出会い，水溶性の水酸化リチウム（LiOH）となる．このような構造の電池は，一次電池だけでなく二次電池として使用することもできる．ここでは，充電専用の正極を設けて充電時の空気極の腐食と劣化を防止している．

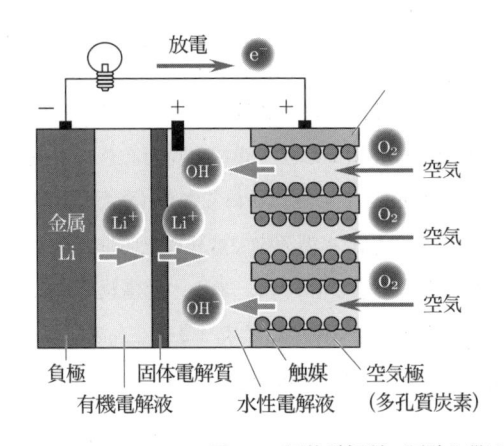

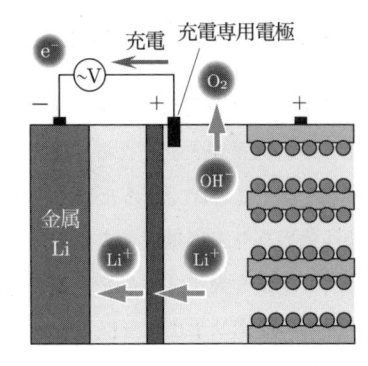

図5.7 固体電解質の隔壁を設けたリチウム空気電池

5.4 電気化学キャパシタ

キャパシタは電極の表面積が広いほど,そして電極間距離が短いほど大容量になる.しかし,電極間に絶縁物を挟んだ通常の物理キャパシタは,加工できる絶縁物層の厚みや電極表面積に限界があり,静電容量を大きくできない.絶縁物を使う通常の(物理)キャパシタに対し,電気化学反応を利用したキャパシタを**電気化学キャパシタ**と総称する.

電解質中に二つの電極を入れて電圧を印加すると,やがて電気分解が起こる.しかし,電気分解が開始する電圧までは電流が流れず,正負それぞれの電極の界面には,負または正イオンが吸着される.電解質の正負イオンと電極相の反対極性の電荷(電子の過不足)が,極めて薄い溶媒のみの**ヘルムホルツ層**を挟んで対向するので,電気二重層と呼ばれる.詳細に見ると,電解質内の電荷はある分布を持って広がっていて,ヘルムホルツ層とその外側の拡散二重層からなる複雑な構造になる.電解質のイオン濃度が高い場合には電荷の広がりは少なく,正負の電荷が面状に対向していると考えてよい.

電気二重層の厚みは 1 nm(水3分子)程度と極めて薄く,単位面積当たりの静電容量は 20 $\mu F/cm^2$ 程度になる.**電気二重層キャパシタ**はこの現象を利用した電気化学キャパシタである.その原理を図5.8に示す.物理キャパシタに比べ,桁違いに大きな容量を実現できる.キャパシタの役をするのは電気二重層だけで,それ以外の電解質のイオンは電荷輸送に寄与するが,誘電分極しない.したがって,その等価回路は図5.9のようになる.1000m^2/g 以上の表面積を持つ活性炭電極と,希硫酸などの水系電解液を組み合わせたものが多い.

電気化学キャパシタは電極の酸化還元反応がないため,二次電池よりサイクル寿命が長い.特に水系電解液は,H^+ や OH^- イオンの移動度が極めて大きく,パワー密度が高い.ただし,二次電池に比べるとエネルギー密度が小さいという欠点がある.

電池の代替を狙って活性炭の代わりにグラファイトを使い,電気分解の開始電圧が水の約2倍ある有機系の電解液と組み合わせてエネルギー密度を上げたキャパシタがある.グラファイトの表面積は活性炭より小さいが,層状の炭素原子間にイオンが侵入するので,実効的な面積が飛躍的に広がり,エネルギー密度が高くなる.しかし,この拡散過程のイオンの速度は遅いので,内部抵抗が増加し,キャパシタの長

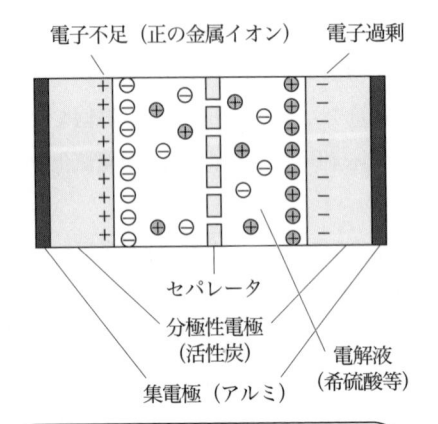

図5.8 電気化学キャパシタの構造と基本原理

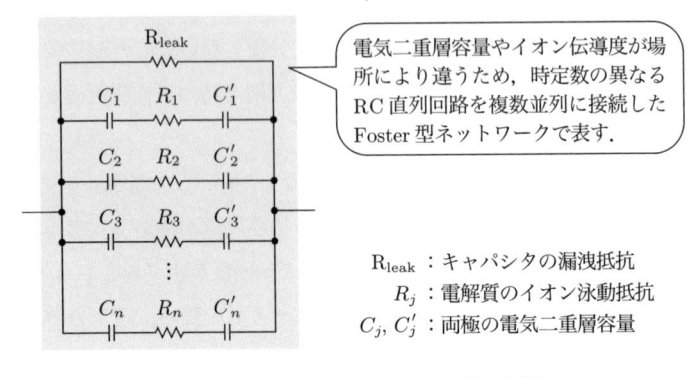

(a) キャパシタの内部構造（溶媒は省略）

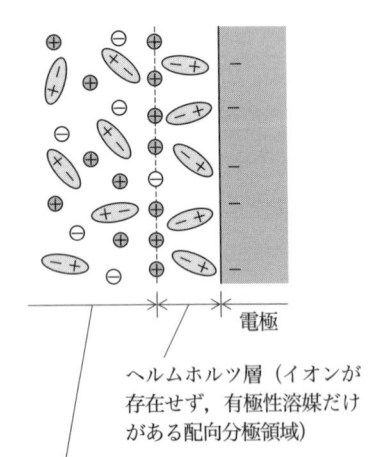

- 電子不足（正の金属イオン）
- 電子過剰
- セパレータ
- 分極性電極（活性炭）
- 集電極（アルミ）
- 電解液（希硫酸等）

印加電圧が電気分解の開始電圧以下だと界面で酸化還元反応が起こらず，単純な静電容量として振る舞う．実際のキャパシタは，リチウムイオン二次電池と類似のフィルム積層構造になっている．

(b) 電気二重層の拡大図（溶媒和は省略）

- 電極
- ヘルムホルツ層（イオンが存在せず，有極性溶媒だけがある配向分極領域）
- バルク電解質（正負イオンが等量で，過剰電荷がない電気的中性領域）
- ⊕ 正イオン ⊖ 負イオン ⊖⊕ 溶媒

図5.9 電気二重層キャパシタの等価回路

電気二重層容量やイオン伝導度が場所により違うため，時定数の異なるRC直列回路を複数並列に接続したFoster型ネットワークで表す．

R_{leak}：キャパシタの漏洩抵抗
R_j：電解質のイオン泳動抵抗
C_j, C'_j：両極の電気二重層容量

所である高いパワー密度が犠牲になる．このほか，高速の酸化還元反応（疑似容量）を利用したキャパシタもある．

5.5 二次電池

5.5.1 二次電池の基本原理

放電反応の生成物が界面近傍の電気化学反応領域に残留し，逆反応が安定に起こる電池は充電可能である．これを**二次電池**（secondary cell, rechargable cell）と呼ぶ．これに対して，一次電池（primary cell, non-rechargable cell）は，安定な逆反応が起こりにくい電池である．

酸化力（電子e^-を受け取る能力）が強く，電位が高くなる電極が正極，還元力（電子e^-を放出する能力）が強く，電位が低い電極が負極となる．電池を放電すると，外部回路から正極に電子が供給され，正極面でカソード反応（還元反応）が起こり，その一方で，負極から電子が取り出され，負極面でアノード反応（酸化反応）が起こる．充電では，反対に正極面でアノード反応，負極面でカソード反応が起こる．

5.5.2 リザーブ型二次電池

充放電によって電極や電解質の化学結合構造が変わる電池を，**リザーブ型二次電池**と呼ぶ．図5.10に示した鉛蓄電池はリザーブ型二次電池の代表例で，鉛Pbと二酸化鉛PbO_2との間に存在するPbの酸化数の差を利用した電池である．Pbは酸化数+2をとるのが最も安定である．したがって，酸化数 = +0の負極Pbと+4の正極PbO_2は，Pb^{2+}に変化しようとする傾向があり，硫酸水に浸すと$PbSO_4$を生成して，約2 Vの起電力が発生する．この電圧は水の電気分解開始電圧1.23 Vを超えているが，Pbの水素過電圧とPbO_2の酸素過電圧がともに大きいため，電気分解の速度が遅く，自己放電は許容レベルになる．

放電反応で正極PbO_2と負極Pbに$PbSO_4$が析出し，硫酸水素イオンHSO_4^-が消費される．充電時にはこれと逆の反応が起き，リザーブされた$PbSO_4$が溶解して，HSO_4^-イオン濃度が回復する．電解液は完全放電時に比重1.1, 硫酸濃度14.7重量％，

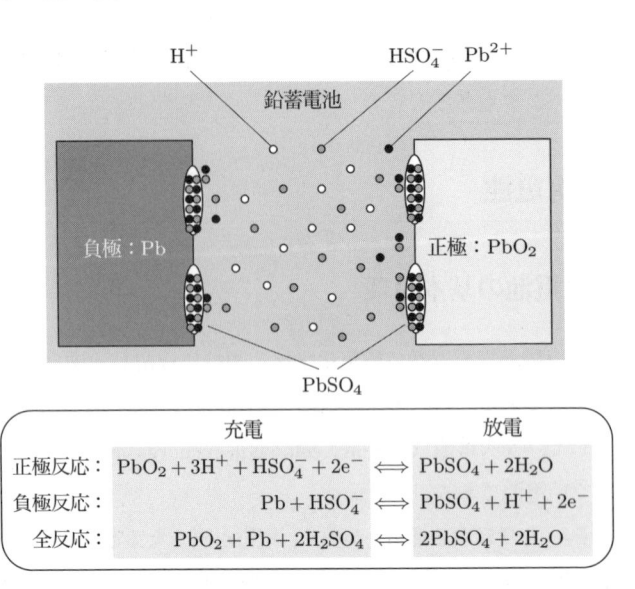

図5.10 リザーブ型二次電池

完全充電時に比重1.28,硫酸濃度は37.4%と変化するので,比重の変化から充電状態がわかる.それぞれの化学反応式は以下のとおりである.

$$\text{正極反応：} PbO_2 + 3H^+ + HSO_4^- + 2e^- \Longleftrightarrow PbSO_4 + 2H_2O$$

$$\text{負極反応：} Pb + HSO_4^- \Longleftrightarrow PbSO_4 + H^+ + 2e^-$$

$$\text{全反応：} PbO_2 + Pb + 2H_2SO_4 \Longleftrightarrow 2PbSO_4 + 2H_2O$$

ただし,⇒の向きが放電,⇐の向きが充電に対応する.

5.5.3　ロッキングチェア型二次電池

　固体の中には隙間の多い結晶構造を持つものが多くある.電子e^-を授受したときに,等量の正電荷のイオンがこの隙間に出入りすれば,充放電で電極や電解質の化学結合構造が変わらない二次電池ができる.これが**ロッキングチェア型二次電池**（シーソー型,シャトルコック型ともいう）で,図5.11に示すような層構造の正負極からなる,リチウムイオン二次電池が代表例である.電解質はイオンの通路になるだけで,電池の容量とは無関係である.鉛蓄電池では電解質が反応物質であるため,そ

リチウムイオン電池

負極(黒鉛)　　有機電解質　　正極($LiCoO_2$)

集電極

Li^+イオンの脱離　溶媒和したLi^+　Li^+イオンの挿入
(de-intercalation)　イオンの泳動　(intercalation)

放電時のリチウムイオンの動き

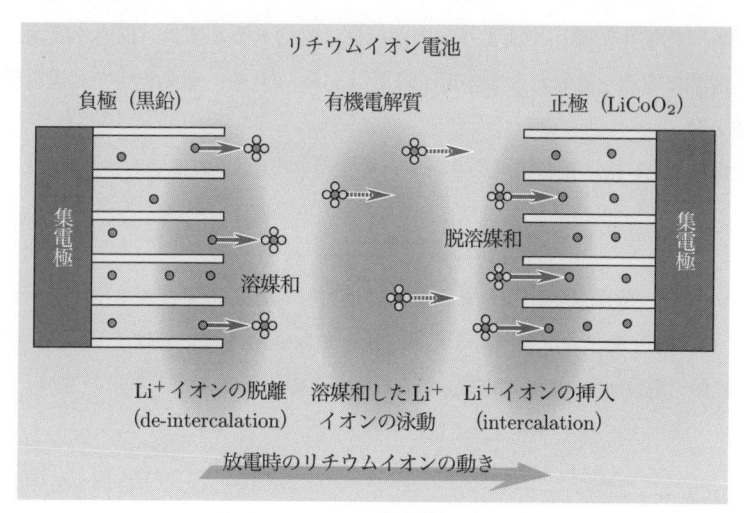

- intercalated Li^+(電極にドープされたリチウムイオン)
- solvated Li^+(溶媒和したリチウムイオン)

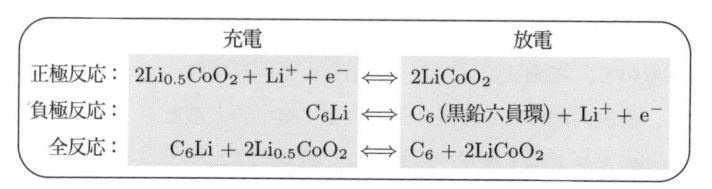

	充電		放電
正極反応：	$2Li_{0.5}CoO_2 + Li^+ + e^-$	$\iff$	$2LiCoO_2$
負極反応：	C_6Li	$\iff$	C_6(黒鉛六員環) $+ Li^+ + e^-$
全反応：	$C_6Li + 2Li_{0.5}CoO_2$	$\iff$	$C_6 + 2LiCoO_2$

図5.11　ロッキングチェア型二次電池

の容積を減らせないが，ロッキングチェア型電池では，内部抵抗を小さくするために電解質の厚みを薄くしても，電池容量は変らない．トポタクティック（結合構造が変わらない）化学反応のために，一般に電池の寿命は長い．ただし，充放電で電極が膨張と収縮を繰り返すことによるサイクル疲労があり，これは電極材料の選定時に重要な評価項目となる．

5.5.4　二次電池の電気的・熱的特性

(a) 直流（定常）電流・電圧特性

テブナンの定理により，電池は，開放電圧OCVの電源と，内部抵抗R_{int}の直列回路で表すことができる．開放電圧は正極および負極と電解質の静的なつり合いのメ

カニズム（化学平衡論）で決まり，内部抵抗は動的メカニズム（反応速度論）で決まる．電池に電流を流したときの電圧降下（$= R_{\text{int}} I$）を，電気化学では**過電圧**または**分極**と呼ぶ．

開放電圧 OCV は，正負電極のそれぞれの電位 ϕ^+ と ϕ^- の差である．すなわち，

$$\text{OCV} = \phi^+ - \phi^- \tag{5.3}$$

である．また，放電反応が単位モル数だけ進行したときのギブズエネルギーの変化を ΔG (< 0)，z をイオン価（たとえば，H イオンや Li イオンでは $z = 1$）とすると，電荷 zF が，電位 ϕ^-，または電位 ϕ^+ にあるときの，静電エネルギーの差が $-\Delta G$ なので，

$$\text{OCV} = -\frac{\Delta G}{zF} \tag{5.4}$$

が成り立つ．ここで，F は前述のファラデー定数である．

自然対流や攪拌で正負イオンを含む物質は移動するが，後述のように電解質は電気的に中性なので，電流は流れない．静止した電解質では，イオンは電位勾配による静電力と，濃度勾配による拡散で運ばれる．電位差と濃度差によって生じる，単位モル当たりのギブズエネルギーの高低を，電気化学ポテンシャル μ という．イオンは電気化学ポテンシャル μ の高い所から低い所に運ばれる．地球上でリンゴが落ちるのも，電池の中でイオンが動くのも同じ原理であり，駆動力の源はポテンシャルの勾配である（図 5.12 を参照）．これを式で表すと，つぎのようになる．

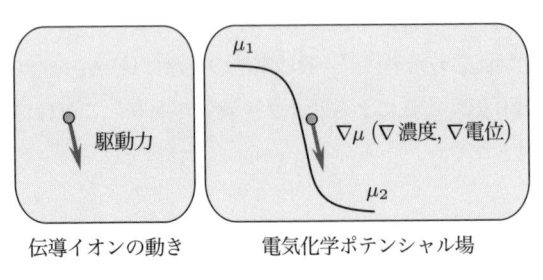

図 5.12　駆動力源は電気化学ポテンシャルの勾配 $\nabla \mu$

(定常イオン電流)
  =(電気化学ポテンシャルの勾配 $\nabla \mu$ で駆動されるイオン流束)
  =(電位勾配 $\nabla \phi$ による泳動電流)+(濃度勾配 ∇N による拡散電流)
$$\tag{5.5}$$

平衡時と非平衡時の電池の内部状態を以下にまとめておこう.

◻ **平衡時:外部回路がオープンで電流がゼロのとき**

一様な電解質内は電気的に中性で,電位勾配もない.もし電解質内に正負の過剰電荷による電位勾配があると,**誘電緩和時間** τ_d で反極性のイオンが集まって電界を打ち消す.集合した反極性のイオンは同時に拡散もするので,過剰電荷に完全に重なることはできず,拡散と静電力のつり合いで決まる微小なエリア(デバイ長 L_D)に,イオンは雲状に分布する.デバイ長は,誘電緩和時間 τ_d 内にイオンが拡散で広がる距離なので,拡散係数が D のとき,$L_D = \sqrt{D\tau_d}$ となる.たとえば,電解質の抵抗率が $\rho = 1$ 〔Ωm〕,比誘電率が $\varepsilon_s = 60$,拡散定数が $D = 10^{-9}$ 〔m^2/s〕のとき,$\tau_d = \rho \varepsilon_s \varepsilon_o \approx 0.5$ 〔ns〕(ただし,$\varepsilon_o \approx 8.854$ 〔pF/m〕:真空の誘電率),$L_D \approx 0.7$ 〔nm〕となる.電解質内をデバイ長の数倍より大きいスケールで見ると,過剰電荷の影響はほとんどキャンセルされていて,**電気的中性の原理**が成立している.

電極表面からデバイ長の数倍までの領域の電解質は,電気的中性がミクロに崩れていて,非常に大きな濃度勾配と電位勾配が局在する(図5.13を参照).電気二重層

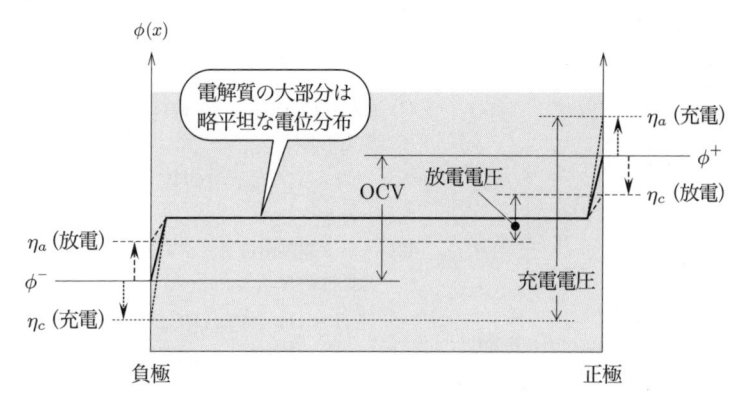

図5.13 電解質中の電位分布 $\phi(x)$

に強い電界が形成されると，電極反応（電子の授受）が起こって，アノード反応とカソード反応による電流が互いに逆方向に流れる．回路が開いているときは，両者の電流は差し引きゼロであり，動的な平衡が保たれている．この逆方向に流れる等量の電流 I_o を，交換電流という．以上のように，電池作用としての電気化学反応は，電界質内ではなく，電極と電解質の界面の狭い領域，すなわち電気二重層の近傍だけで起こっている．

◻ 非平衡時：外部回路がクローズして充放電電流が流れているとき

過電圧 η を印加すると，動的平衡状態が崩れる．図5.14のように，放電時には端子電圧を開放電圧より低く（$\eta < 0$），充電時には高く（$\eta > 0$）する．イオンや電子がエネルギー障壁を跳び越えて移動したり，電解質中で粘性摩擦に逆らって移動し

(a) 充電（$\eta > 0$）

$\text{OCV} < V_t < V_\text{ext}$

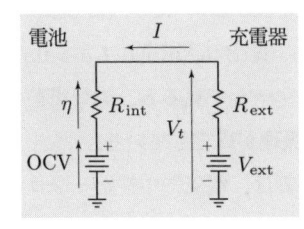

CCCV（Constant Current Constant Voltage）充電（通常は定電流，充電の末期には定電圧充電）の例では，モニタした端子電圧 V_t と電流 I から，V_ext と R_ext を調整して，定電流充電または定電圧制御をする．

定電流：$I = (V_\text{ext} - V_t)/R_\text{ext} = $ 一定
定端子電圧：$V_t = V_\text{ext} - R_\text{ext} I = $ 一定
過電圧：$\eta = V_t - \text{OCV} = R_\text{int} I$

(b) 放電（$\eta < 0$）

$\text{OCV} > V_t > V_\text{ext}$

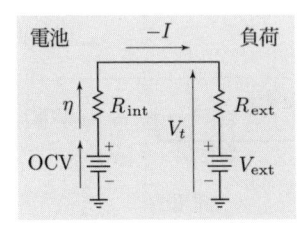

(1) 抵抗負荷（$V_\text{ext} = 0$）時は R_ext が負荷抵抗で，放電電流は

$$I = V_t/R_\text{ext} = (\text{OCV} - R_\text{int} I)/R_\text{ext}$$

となる．

(2) モータ駆動時はモータの逆起電力が V_ext，巻線抵抗が R_ext で，

$$I = (V_t - V_\text{ext})/R_\text{ext}$$
$$= (\text{OCV} - V_\text{ext})/(R_\text{int} + R_\text{ext})$$

$\begin{bmatrix} \text{OCV}：開放電圧 & V_\text{ext}：外部起電力 \\ R_\text{int}：内部抵抗 & R_\text{ext}：外部抵抗 \\ V_t：端子電圧 & \end{bmatrix}$

図5.14　充放電時の端子電圧

たりするなどの過程が，電気エネルギーの供給により進行するので，これにより電圧降下を引き起こす．

図5.15を用いて，電池内部の反応と，それに伴う電圧降下を詳しく見てみよう．

電荷移動領域の電流電圧特性
- 電流 (I)
- アノード反応
- 限界拡散電流 I_{lim}
- η_{ct}, η_c
- η
- 平衡電位
- 電極電位 (V)
- 限界拡散電流 I'_{lim}
- カソード反応

電荷移動領域の等価回路
- 平衡電位
- $\eta_{ct} + \eta_c$

電解質／拡散層／バルク領域

電荷移動領域 $\eta_{ct} + \eta_c$

電極　$R = 0$　η_{bulk} 泳動過電圧　R_Ω

電気二重層

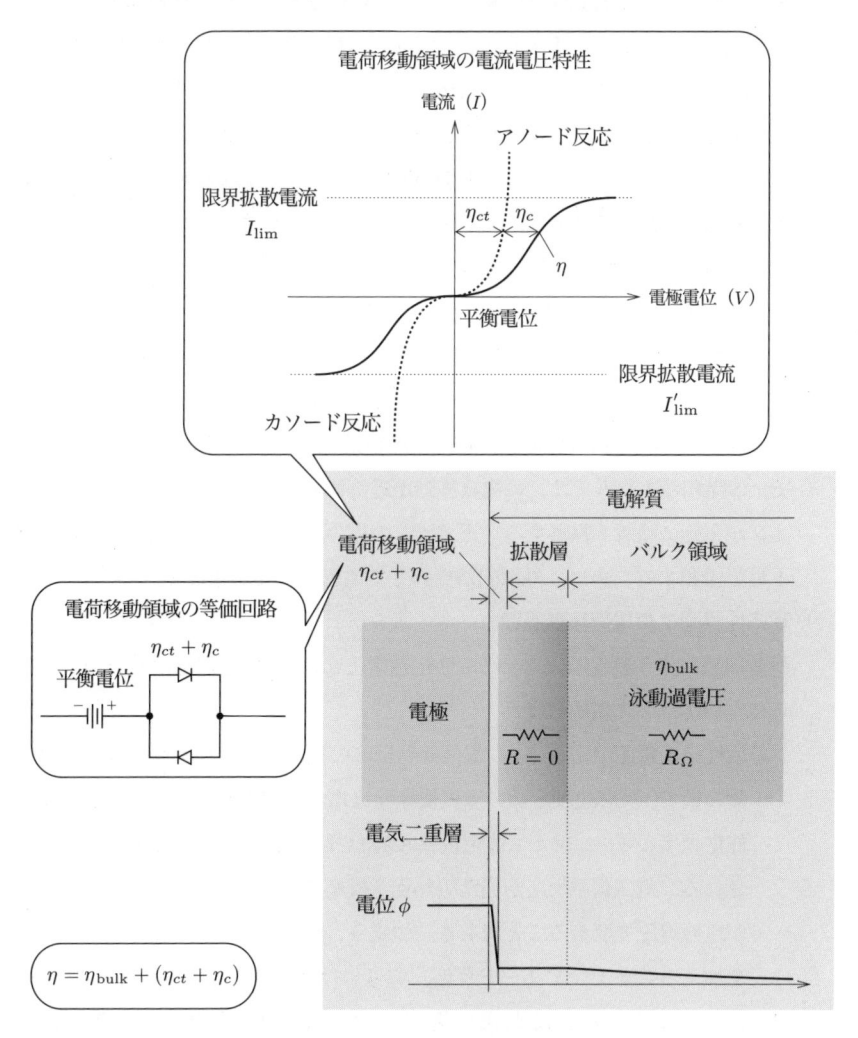

電位 ϕ

$$\eta = \eta_{\text{bulk}} + (\eta_{ct} + \eta_c)$$

図5.15　電池内部の過電圧 η

(1) 電極面での電極反応過程

電極内の電荷のキャリアは電子で，電解質のキャリアはイオンである．電極から至近の反応性界面では，［伝導電子］⇔［酸化還元反応に関与する物質との電子の授受］⇔［電解質の伝導イオン］の電荷リレー（**電荷移動過程**）が起こる．電荷をバトンタッチするとき，溶媒，溶質，電極のうち一番反応しやすい物質が電子の授受をする．この酸化還元反応により，反応関与物質に濃度勾配ができ，反応物質の溶媒や溶質が沖合から反応領域に搬入され，反対に反応生成物は沖合へと搬出される（**物質移動過程**）．この領域の素過程は，電池により異なる．鉛蓄電池では，反応電子と，電解質の伝導イオンであるプロトンH^+と硫酸水素イオンHSO_4^-のほかに，電極から電離したPb^{2+}が反応に関与する．放電反応の生成物の一つである$PbSO_4$は，反応領域外に流出せずに電極の表面にリザーブされ，逆反応（充電）を可能にしている．図5.11に示したように，リチウムイオン電池では，溶媒和リチウムイオンが伝導イオンであり，かつ反応関与物質である．電極表面の溶媒和/脱溶媒和反応による濃度差で，溶媒和リチウムイオンの物質移動が近傍領域で起こり，同時にリチウムイオンが電極に吸着・脱離する．正イオンの電極への吸着・脱離に伴う電荷の過不足を中和するために，外部回路を介して電子の授受が起こる．

(2) **反応性界面での電荷移動過程**

電荷移動に伴う過電圧は，主に**活性化過電圧**η_{ct}と**濃度過電圧**η_cであり，それらについて以下で説明しよう．

- **活性化過電圧（η_{ct}）** —— 電荷移動反応の速度は，表面濃度と反応速度定数の積で，反応速度定数の温度依存性は**ボルツマン因子**$e^{-E_a/RT}$（E_a：活性化エネルギー，R：気体定数$= 8.3144$〔J/mol K〕，T：絶対温度）で表される．電気化学反応が通常の熱化学反応と違うのは，活性化エネルギーが電極電圧で変わることである．つまり，熱エネルギーに電気エネルギーを加えることで，アノード反応，あるいはカソード反応を活性化できる．低温になれば反応の活性度が落ちるので，必要な活性電位が大きくなる．電荷界面での反応による濃度の変化が小さい範囲，すなわち表面濃度C^*が沖合濃度Cにほぼ等しいときの電荷移動電流Iと活性化過電圧η_{ct}の関係は，バトラー・フォルマー（Butler-Volmer）の式

$$I = I_0 \left[\exp\left(\frac{\alpha \eta_{ct} zF}{RT}\right) - \exp\left(-\frac{\beta \eta_{ct} zF}{RT}\right) \right] \tag{5.6}$$

に従う.ここで,α はアノード反応の移動係数で,過電圧が活性化エネルギーの変化に与える影響度を示す.$\beta = 1 - \alpha$ は,カソード反応の移動係数である.I_0 は交換電流で,これは活性化エネルギーとイオンの表面濃度で決まるが,I_0 にはボルツマン因子が含まれており,温度が上昇すると急増する.電極と電解質により I_0 は非常に大きく変化する.交換電流 I_0 が大きいと,電荷移動を活性化させるための過電圧 η_{ct} は小さくなり,反対に I_0 が小さいと,η_{ct} は大きくなる.$\alpha \approx 0.5$ なので電流対電圧特性は正負がほぼ対称になり,理想係数 $n = 2$ のダイオードを逆方向に並列接続した回路の電流電圧特性にほぼ等しくなる.

- **濃度過電圧または拡散分極(η_c)** —— 電荷移動反応が拡散反応速度を超えた拡散律速の状態では,電極の表面濃度 C^* が沖合濃度 C と異なるため,$C^* = C$ を仮定したバトラー・フォルマーの式は成立しない.電荷移動反応の速度は表面濃度と反応速度定数の積なので,正または負の電極表面でイオン濃度がゼロに近づくと,同じ電流を維持するためには,活性化過電圧を急増させ,反応速度定数を上げなければならない.表面濃度の減少による活性化過電圧の増分が濃度過電圧 η_c である[4].電流 I を用いると,η_c は,

$$\eta_c = -\frac{RT}{\alpha zF} \log\left(1 - \frac{I}{I_{\lim}}\right) \tag{5.7}$$

で与えられる.ここで $I_{\lim}$ は**限界拡散電流**である.

(3) **反応性界面に隣接する領域での物質移動過程**

電荷移動過程により,電極表面と電解質相の間には反応関与物質(反応物と生成物)の濃度差ができ,物質が移動するので,この領域を**拡散層**という.電位勾配ではなく濃度勾配で物質が移動するので,拡散層では過電圧を生じない.前述のように,濃度勾配には最大値があるため,拡散層を流れる電流には上限がある(**拡散律速**).

---

[4] 拡散層の電位勾配とは異なることに注意する.

(4) 沖合(濃度がほぼ均一な領域)での泳動過程

物質移動過程で運ばれる電流に見合う電荷が,電解質イオンにより泳動で運ばれる.イオン(溶質)が電解質(溶媒)中にあると,溶質－溶媒間の相互作用で結合し,分子群(溶媒和)となって泳動するため,イオン半径よりも見かけの半径(**ストークス半径**)が大きくなり,移動の妨げになる.この粘性(非弾性衝突)による運動量の減少を補填するためには,電位勾配(電界)による加速が必要で,そのため電圧降下(**抵抗過電圧**)を生じる.この物理過程による抵抗 R_Ω は線形で,電流と電圧の関係はオームの法則に従う.

(b) 交流インピーダンス(微小振幅過渡)特性

電池の内部診断や負荷の変動に対する過渡応答波形を予測するには,交流信号のインピーダンス解析(周波数応答解析)が有用である.**複素インピーダンス軌跡**(ベクトル軌跡,あるいはナイキスト線図(Nyquist plot)ともいう)や**ボード線図**(Bode diagram)をオフボード実験で求め,あらかじめ想定した等価回路の抵抗や静電容量の定数を,回路シミュレータやパラメータ同定ソフトウェアを使って決定する方法が一般的である(図5.16を参照).正弦波信号に代えて,多くの周波数成分を含むステップ関数やM系列信号のような擬似白色信号を入力し,時間応答から等価回路を求める方法もある.

この交流等価回路において,つぎの点に注意する.

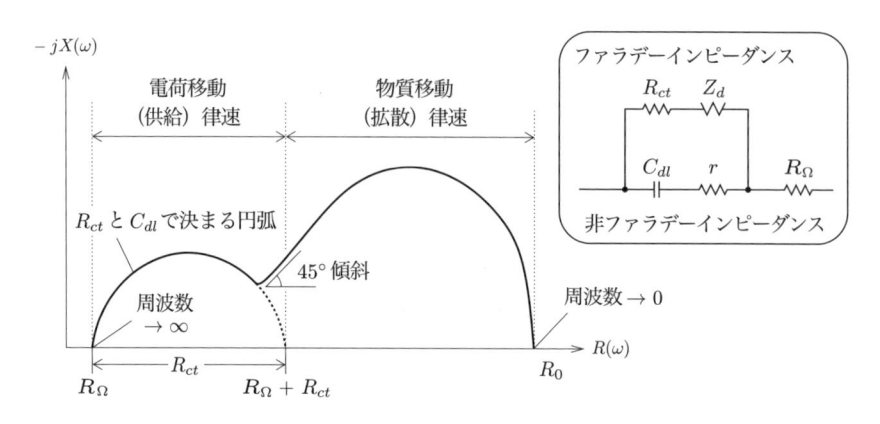

図5.16 二次電池の基本的な複素インピーダンス軌跡

(1) インピーダンスは電流の微小変動に対する電圧変動の比である．電池の電気化学反応は非線形なので，小信号でないと独立性，加算性がない．また，小信号に対する抵抗は電流対電圧特性曲線の微分抵抗になり，直流抵抗と異なる．
(2) 交流の電圧と電流との間には位相差があり，インピーダンスは複素数となる．
(3) 界面のインピーダンスには，酸化還元反応に起因する**ファラデーインピーダンス**と，それ以外の電気化学反応を伴わない物理過程の**非ファラデーインピーダンス**がある．

図5.17は界面および電解質各部のインピーダンスを示したものである．ここで，電極自身の抵抗は省略してある．

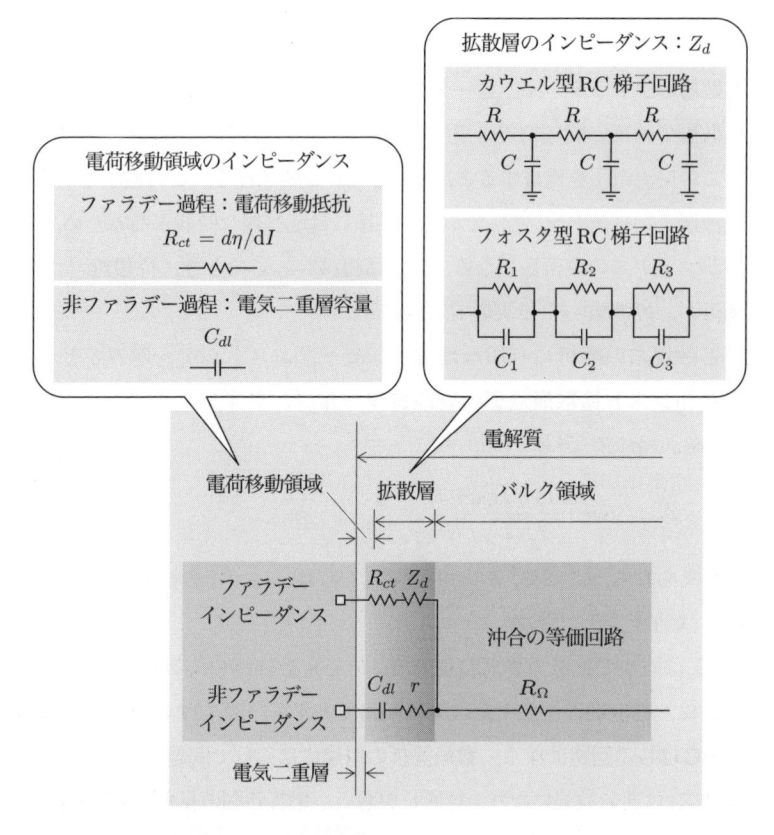

図5.17 各部の交流インピーダンスと等価回路

各部のインピーダンスを順に説明していこう．

(1) **電極と電解質との界面のインピーダンス**

界面を通過する電流には，ファラデー過程の電荷移動電流と，非ファラデー過程の変位電流がある．電流連続の式（電荷保存則）により，両者の電流の和が電池の全電流に等しくなる．界面のファラデーインピーダンスが電荷移動抵抗 R_{ct} であり，これは分極 η_{ct} の電流微分 $d\eta_{ct}/dI$ である．式 (5.6) を微分すると明らかなように，過電圧 η_{ct} が極めて小さい領域では $R_{ct} = RT/zFI_0$ となる．過電圧が大きい領域での微分抵抗 R_{ct} は，充放電電流 I_{dc} により大きく変化する．一方，電気二重層の静電容量（正しくは微分容量）C_{dl} に非ファラデー過程の変位電流が流れる．二次電池の C_{dl} は小さく，端子電圧 V_t が変化した瞬間にわずかな変位電流 $C_{dl}dV_t/dt$ が流れる．

(2) **拡散層のファラデーインピーダンス**

拡散層では反応関与物質の濃度勾配が大きく，拡散により電流が流れている．ここに交流電圧を重畳すると，拡散電流が変調される．この電圧と電流の比が拡散層インピーダンス Z_d である．拡散には応答遅れ時間があるため，Z_d は虚部がマイナスの複素数となる．Z_d は周波数 $\to \infty$ のとき，位相角 $-45°$ で 0 に漸近し，周波数 $\to 0$ で実数 R_d となる．

拡散現象の解析に有用な理論インピーダンスとして，厚み δ を一定としたネルンスト拡散層近似の**有限長ワールブルグインピーダンス**（Warburg impedance）Z_w があり，

$$Z_w = R_d \frac{\tanh(\sqrt{j\tau_d\omega})}{\sqrt{j\tau_d\omega}} \tag{5.8}$$

で与えられる．ここで，ω は角周波数，R_d は $\omega \to 0$ での拡散抵抗，$\tau_d = \delta^2/D$ （D は拡散定数）である．

Z_w は同様の拡散方程式に従う RC 分布定数線路の応答特性と等価である．一般に，拡散過程を集中定数等価回路で表すと，図 5.17 の**カウエル**（Cauer）**型 RC はしご回路**になる．数値解析の用途にはこれで問題ないが，インピーダンス Z_d は連分数式になり，見通しが悪い．応答時間の見積りや理論計算には，部分分数式

$$Z_d = \sum_i \frac{1}{R_i^{-1} + j\omega C_i}$$

で表現できる**フォスタ**（Foster）**型 RC はしご回路**がよく使われる．等価回路各部の応答と，実際の拡散現象との対応関係は失われているが，応答特性を把握しやすく，実用上使いやすいモデルである．

(3) **界面から離れた沖合で，濃度がほぼ一定な電解質のインピーダンス**

電解質部の等価回路は，誘電体としての静電容量 C_E と，イオン泳動抵抗 R_Ω の並列回路になる．**支持塩**（supporting salt）を融解した電解質の導電率 κ は大きく，電界が定常になるまでの**誘電緩和時間** $\tau_D = R_\Omega C_E$ が極めて短いので，通常 C_E は無視できる．

(4) **外部接続回路のインピーダンス**

電流経路のインダクタンスなどで，過渡過電圧（サージ）や電磁ノイズのような非常に高い周波数成分を扱うときには考慮すべきである．

(c) 発熱とエネルギー効率

二次電池の充放電のエネルギー効率について考える．平衡状態にある電池に外部から充放電電流を流すと，電池は図 5.18 のように新しい平衡状態に移る．このとき，電流が無限小で，無限大の時間をかければ，準静的に電気化学反応が進行する．この可逆電池の効率は 100% である．しかし，実用的な電流を流そうとすると，電気化学反応を加速するために，余分なエネルギーが必要になり，反応が非可逆となって，効率が低下する．

放電時の反応をより詳しく考えてみよう．熱力学によれば，放電時に電池の中で物質の結合の組み替えで生じるエネルギー生成，すなわちエンタルピー H の減少分 $(-dH > 0)$ は，ギブズエネルギー G の減少 $-dG$ (> 0) と，エントロピー項 $-TdS$ に分配される．

$$-dH = -dG - TdS \tag{5.9}$$

ここで，エントロピー項 $-TdS$ は，放電後の新しい平衡状態に移るときに系の再構築（秩序状態の変化）に使われる（図 5.19）．これは自由に使えない束縛エネルギーである．エントロピー項は蒸発や凝固などの相転移における潜熱に相当する．凝固

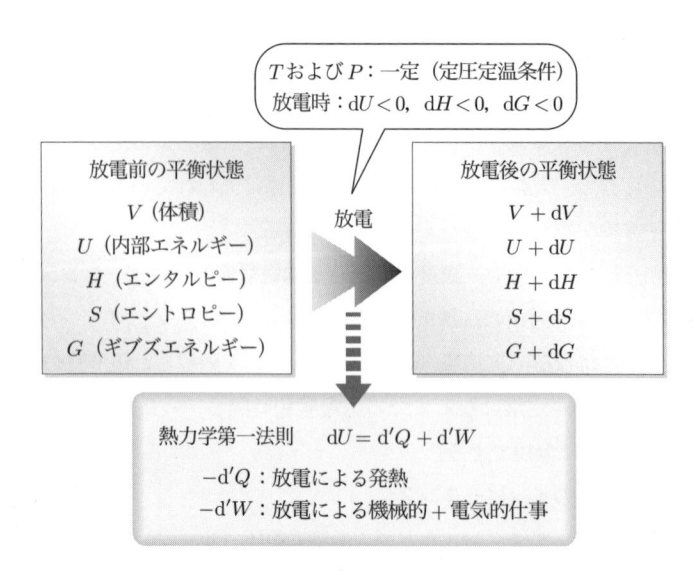

図5.18 放電前後の平衡状態と仕事・熱の関係

放電前の平衡状態
- V（体積）
- U（内部エネルギー）
- H（エンタルピー）
- S（エントロピー）
- G（ギブズエネルギー）

放電 →

放電後の平衡状態
- $V + dV$
- $U + dU$
- $H + dH$
- $S + dS$
- $G + dG$

T および P：一定（定圧定温条件）
放電時：$dU < 0$, $dH < 0$, $dG < 0$

熱力学第一法則　　$dU = d'Q + d'W$
- $-d'Q$：放電による発熱
- $-d'W$：放電による機械的＋電気的仕事

(a) 蒸発凝固の相変化の場合

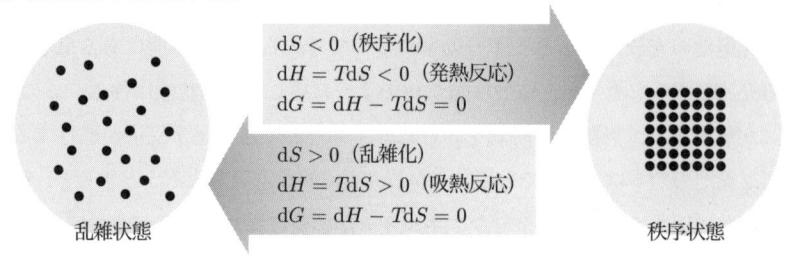

$dS < 0$（秩序化）
$dH = TdS < 0$（発熱反応）
$dG = dH - TdS = 0$

乱雑状態 ← → 秩序状態

$dS > 0$（乱雑化）
$dH = TdS > 0$（吸熱反応）
$dG = dH - TdS = 0$

(b) 水素燃料電池の電気化学反応の場合

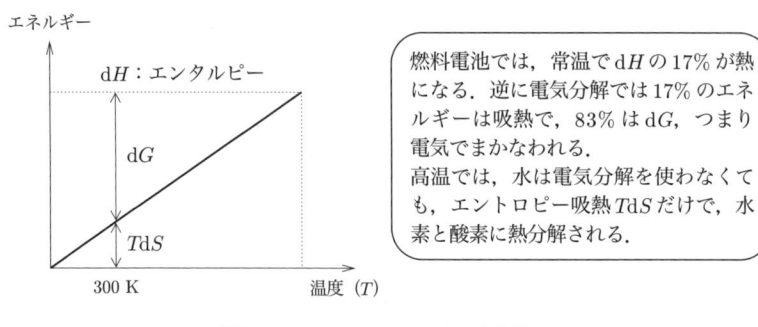

エネルギー軸：dH：エンタルピー、dG、TdS
温度軸 (T)、300 K

燃料電池では，常温で dH の 17% が熱になる．逆に電気分解では 17% のエネルギーは吸熱で，83% は dG，つまり電気でまかなわれる．
高温では，水は電気分解を使わなくても，エントロピー吸熱 TdS だけで，水素と酸素に熱分解される．

図5.19　エントロピー項の吸発熱

のような秩序の増大時（$dS < 0$）には発熱（$-TdS > 0$）が，蒸発のような秩序の減少時には吸熱反応（$-TdS < 0$）が起こる．充放電サイクルで起こる発熱・吸熱反応は，蒸発・凝固反応と同様に可逆的である．

生成エネルギーからエントロピー項を引いたギブズエネルギー減少 $-dG$ のすべてを，電気的仕事として外部利用することはできない．内部で消費される電気エネルギーがあるためである．$-dG$ は外部に自由に取り出せる電気エネルギー（$-d'W_e$）の最大値で，非可逆反応では常に $-dG > -d'W_e (> 0)$ である．ここでdの肩につけた $'$ は，反応経路（放電のやり方）で電気的仕事が変わることを意味するための，不完全微分記号である．

負荷抵抗が大きく電流が小さいときは，仕事として取り出せる電気エネルギーは，ギブズエネルギーに近くなる．反対に，負荷抵抗がゼロに近ければ（電池の短絡など），ギブズエネルギーは電池内部の非可逆反応で熱としてほとんどが消費され，外部での電気的仕事はゼロになる．このように，二次電池のエネルギー変換効率は，運転条件で大きく左右される．

図5.20に示したように，熱力学第一法則と熱力学第二法則から，$-dG \geq -d'W_e$，すなわち $-dG$ より小さい $-d'W_e$ しか取り出せないことが説明できる．

以上をまとめると，放電時の熱流量 Q（単位W）は，ジュール損失（＝電圧×電流）Q_p〔W〕と，エントロピー熱 Q_s〔W〕の和である．すなわち，

$$Q = Q_p + Q_s \tag{5.10}$$

が成り立つ．

(1) Q_p（実用電流 I を流すために過電圧 η を加えたことによって発生する熱流量）：

$$Q_p = \eta I = R_{\text{int}} I^2 > 0 \tag{5.11}$$

ここで，充放電電流 I の向きは充電時を正とする．η は充電，放電によらず I と同符号なので，過電圧による熱は常に正（発熱）である．

(2) Q_s（電気化学反応前後の秩序変化に伴うエントロピー熱流量）：

単位時間当たりの放電（$I < 0$）反応モル数は $(-I)/(zF)$ であるから，$Q_s = TdSI/(zF)$，また $-dG = zF \cdot \text{OCV}$ より，

$$dS = -\frac{\partial dG}{\partial T} = zF \frac{\partial \text{OCV}}{\partial T}$$

140 第5章 電池と電源システム

図5.20 放電前後の熱力学関数の変化と仕事・熱の関係

図中の説明：

熱力学第一法則：
　$-\mathrm{d}U$（内部エネルギー減少）$=$ 全仕事 $+$ 発熱 $= -\mathrm{d}'W - \mathrm{d}'Q$
　全仕事 $=$ 電気的仕事 $+$ 機械的仕事：$-\mathrm{d}'W = -\mathrm{d}'W_e - p\mathrm{d}V$

熱力学第二法則：
　$\mathrm{d}S \geq \mathrm{d}'Q/T$ （$\mathrm{d}'Q \leq T\mathrm{d}S$）（等号は可逆反応のとき）

熱力学関数：
　$-\mathrm{d}H = -\mathrm{d}U - p\mathrm{d}V$, $-\mathrm{d}H = -\mathrm{d}G - T\mathrm{d}S$

なので，

$$Q_s = \frac{T\mathrm{d}SI}{zF} = T\frac{\partial \mathrm{OCV}}{\partial T}I \tag{5.12}$$

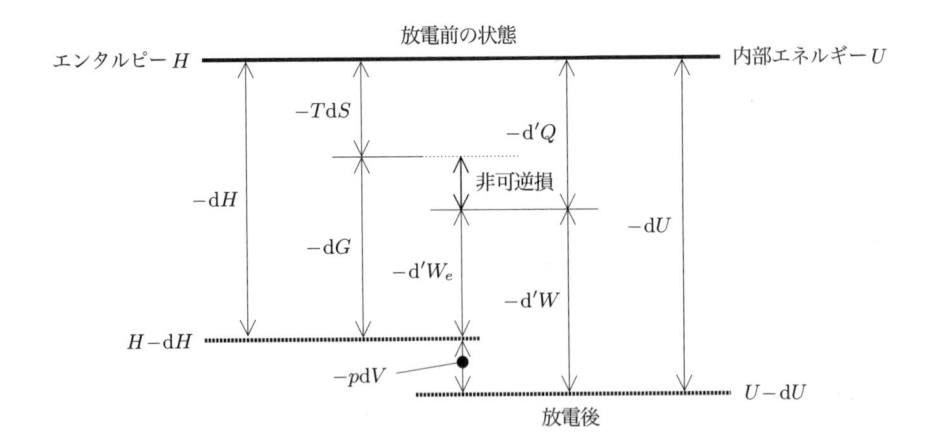

となる．エントロピー熱 Q_s の正負や大きさは，電極材料や電解質，充電状態に依存する．一般に，炭素ーコバルト酸リチウム系のリチウムイオン電池では，$Q_s < 0$（吸熱），放電時に $Q_s > 0$（発熱）となることが多い．

(d) エネルギー・パワー特性

パワー特性やエネルギー特性を表記する方法として，ポイケルト（Peukert）プロット法とラゴーニプロット法がある（図5.21を参照）．

ポイケルトプロット法は，定電流放電の実験から，放電電流 I と完全放電までの時間 τ の関係を両対数グラフ上に表記するものである．放電総電荷量 $Q = I^k\tau$ の関係

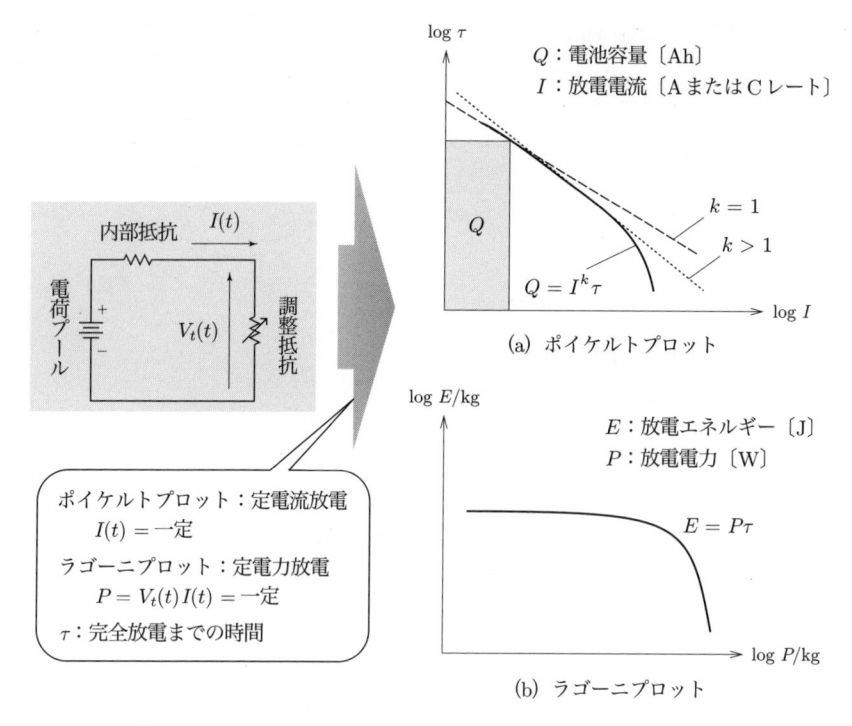

図5.21　出力特性の計測および表記法

が経験的に成立する．ここで，Q〔Ah〕は定格容量，$k \geq 1$ はポイケルト指数で，等号は無損失を示す．

ラゴーニプロット法は，定電力放電の実験から，放電電力 P と放電エネルギー E（$= P\tau$）の関係を単位重量当たりに換算して，両対数グラフ上に表記するものである（図5.1を参照）．いずれも電池の能力を端的に表現する特性図である．

5.5.5　二次電池の等価回路モデル

図5.22に，定常電流の等価回路，微小過渡電流の等価回路，定常熱流の等価回路の例をそれぞれ示す．

一方，実使用状態の充放電電流は，大きな振幅で変動する．図5.23に方形波電流に対する端子電圧の応答波形を示す．電流が急増すると，内部の直流抵抗の電圧降

(a) 定常電流の等価回路

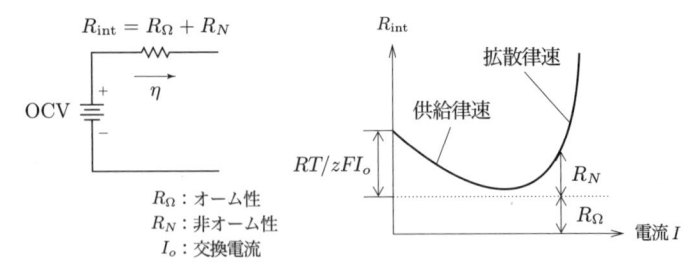

$R_{int} = R_\Omega + R_N$

OCV

R_Ω：オーム性
R_N：非オーム性
I_o：交換電流

R_{int}、拡散律速、供給律速、RT/zFI_o、R_N、R_Ω、電流 I

(b) 微小過渡電流の等価回路

電荷移動抵抗　　拡散インピーダンス
$$\frac{1}{sC_1 + \frac{1}{R_1}} + \frac{1}{sC_2 + \frac{1}{R_2}}$$

R_{ct}, R_1, R_2, R_Ω
C_{dl}, C_1, C_2
バルク抵抗

OCV 電気二重層容量

(c) 定常熱流の等価回路

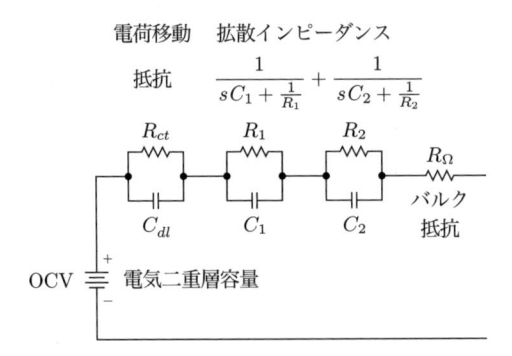

$Q_p = R_{int} I^2 > 0$　　$\eta = R_{int} I$

$Q_s = T \cdot \partial OCV/\partial T \cdot I$　　$T \cdot \partial OCV/\partial T$
（外に取り出せない電気）

$OCV = -\Delta G/zF$
（外に取り出せる電気）

図5.22　各種電池モデル

下により端子電圧は階段状に急減する．ステップ的な変化に引き続き，さまざまな電気化学反応の遅れによる緩やかな緩和現象が起こる．電流が急減したときは，これと逆の現象になる．微小過渡信号の等価回路と同様に，適切な時定数を組み込めば等価回路を作れそうに思えるが，大振幅の電気化学反応はヒステリシスなども含

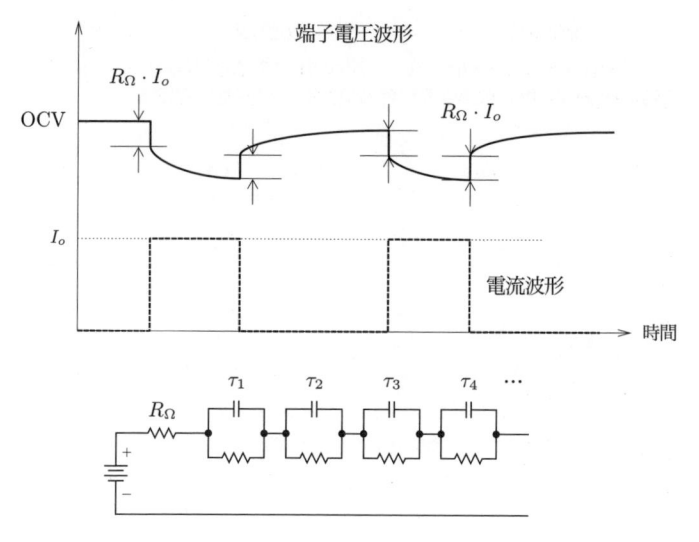

図 5.23 大振幅過渡応答と等価回路

んだ非線形現象であり，一般的なモデルは作りにくい．電池の種類や，充放電電流の振幅範囲，周波数範囲（求めたい時間応答範囲），温度範囲，冷却条件などを踏まえ，目的や要求精度により等価回路を設定する．電池の等価回路定数は充放電により変化して，また経時変動も大きいので，制御装置に組み込んで使用する等価回路は適応フィルタ型とし，パラメータを逐次更新する必要がある．

5.5.6　ニッケル－金属水素化物二次電池

正極をニッケルカドミウム電池と同じ水酸化ニッケル，負極をカドミウムに変えて金属水素化物（水素吸蔵合金）とし，電解質として水酸化カリウム（KOH）水溶液を用いた二次電池であり，公称電圧は約 1.2 V である（通称，ニッケル水素電池．図 5.24 を参照）．

充電時には，正電極は H^+ イオンを見かけ上電解液中に放出し，オキシ水酸化ニッケル NiOOH となる．負電極 M では H^+ イオンが還元されて，金属水素化物 MH になる．放電時には，金属水素化物 MH の表面で水素原子が H^+ イオンとなり，電解液中に放出される．正電極は H^+ イオンで還元されて，水酸化ニッケル $Ni(OH)_2$ になる．

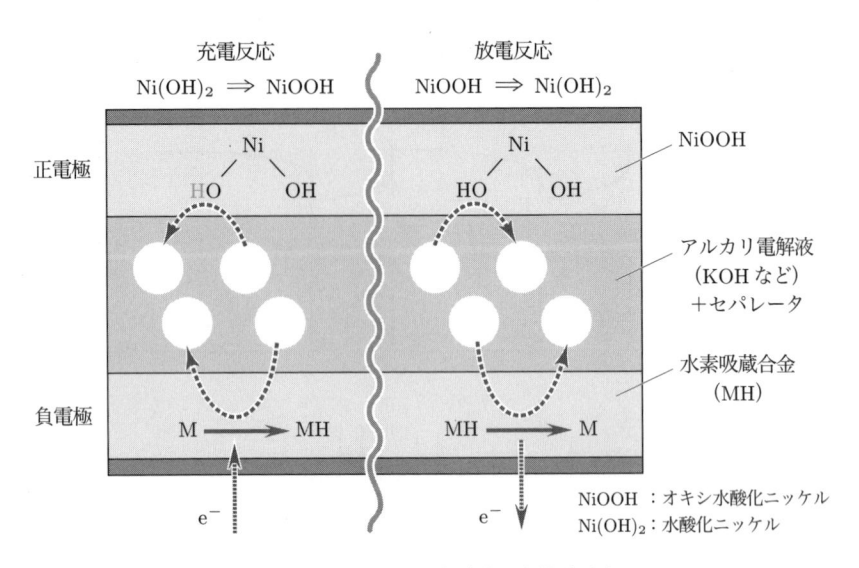

図5.24 ニッケル水素電池の充放電反応

正極反応：$NiOOH + H_2O + e^- \Longleftrightarrow Ni(OH)_2 + OH^-$
負極反応：$MH + OH^- \Longleftrightarrow M + H_2O + e^-$
全反応：$MH + NiOOH \Longleftrightarrow M + Ni(OH)_2$

ただし，$\Rightarrow$ の向きが放電，$\Leftarrow$ の向きが充電を表す．

金属水素化物 MH は，水素の吸蔵放出プロセスが常温常圧で起こるように，水素を吸蔵しやすい金属と，水素を吸蔵しにくい金属を適度に組み合わせて，結合エネルギーを調整する．希土類元素と Ni を基材としたものが多い．なお，水素吸蔵合金 MH は液体水素以上の体積密度で水素を貯蔵する能力がある．

5.5.7 リチウムイオン二次電池

リチウムイオン二次電池とは，リチウムイオンのロッキングチェア機構を使った二次電池である（p.45，図2.14を参照）．正極と負極，集電極，電解質，セパレータなどで構成されている．正極に遷移金属酸化物であるコバルト酸リチウム $LiCoO_2$，負極に黒鉛を使った場合，開放電圧は約4Vである．導電性を向上させるために，有機溶媒の電解質にはリチウム塩などの支持塩を溶解させている．

充放電で，イオンは正極負極の層状の隙間（ファンデルワールス層）に吸着脱離する．イオンの出入りに伴って，電極は膨張収縮する．充電時には黒鉛の層間を広げる形でイオンが侵入し，負極は膨張する．一方で正極層間にあるイオンが脱離して隙間ができるが，コバルト酸の強い静電斥力により膨張する．両者を組み合わせた正負電極の場合は，充電の際にかなり大きく膨張することになる．

負極，正極材料は，リチウムイオンが移動できる通路と，イオンを蓄積する隙間やナノ空孔があり，かつ電気化学ポテンシャルの差が大きければよいので，非常に多くの構成をとりうる電池である．安全性およびコバルト資源の価格高騰を背景に，コバルト系に代わって，マンガン系や鉄系の遷移金属酸化物の正極活物質を用いたリチウムイオン電池が，携帯機器や大電力の電気自動車向けに開発されている．

リチウムイオン二次電池は，その形状で円筒型，角型，ラミネート型に分類できる．円筒型は低コストで，外形の寸法が安定している．ただし，多数のセルを組み合わせると隙間ができ，体積効率が悪くなる．角型は体積効率や放熱効率が良いが，巻き締めがないので，充放電時に目立った膨張収縮をする．ラミネート型は金属缶の代わりにラミネートフィルムを用いたもので，角型同様に充放電サイクルによって厚みが変化する．

リチウムイオン電池は他の低電圧の電池に比べ，正極および負極が充電時に極めて強い酸化状態と還元状態に置かれるので，材料が不安定化しやすい．充電においては，数十mV範囲内の極めて高精度の電圧制御が必要になる．過充電すると，正極側では電解質の酸化や，結晶構造の破壊による発熱現象が起こり，負極側は，金属リチウムが析出して最悪の場合は正負電極を短絡して過電流が流れ，破裂や発火の危険がある．

電池を保護するために，充放電の制御や温度保護の機能を，バッテリーコントローラに組み込む必要がある．またパック内に安全弁，正温度係数（PTC：Positive Temperature Coefficient）素子，シャットダウンセパレータ，温度フューズなどの保護デバイスを内蔵させる．安全弁は過度の異常発熱や過充電によって引き起こされるガスの安全な放出を可能とする．PTCに過大な電流が流れると，PTCの抵抗が急増して電流の暴走を防止する．シャットダウンセパレータは，ある温度，たとえば130 °C前後に達すると，セパレータの細孔が熔融して塞がり，電流を遮断する．

グラファイト負極では，放電初期から放電末期直前までなだらかで平坦に近い電

圧を維持し，放電末期に急激に電圧を降下させる．ハードカーボンの負極では1000回を越すサイクル特性を有するが，放電終了電圧まで徐々に電圧が降下していくため，通常は使いにくいとされる．しかし，これを逆用して開放電圧から残量容量を正確に知ることができ，寿命も長いため，電気自動車等への応用に適しているとの見方もできる（図5.25を参照）．

グラファイト，ハードカーボンに代わる次世代負極材料として，リチウム合金負極がある．炭素と異なり，スズやシリコンは充放電で合金化/脱合金化反応し，グラファイトの数倍から数十倍の容量が可能であることが知られている．体積変化が大きいため，寿命が短いことが問題である．

このほかに，金属酸化物の結晶構造中に，リチウムイオンが吸着脱離する酸化物負極がある．これは正極材料の反応と同じであるが，反応電位が低いので負極として使える．チタン酸リチウム $Li[Li_{1/3}Ti_{5/3}]O_4 \Leftrightarrow Li_2[Li_{1/3}Ti_{5/3}]O_4$ は，電位が1.55 V（対 Li/Li^+ 電極電位）あり，0.1 V程度の黒鉛と比べてエネルギー密度からは不利であるが，膨張収縮が少なく熱的にも安定である．

正極活物質では，層状岩塩型構造のNi系，Co系，NiCo系，NiMn系，スピネル型構造のマンガン酸リチウム $LiMn_2O_4$，オリビン型構造のリチウムリン酸鉄 $LiFePO_4$ などが開発されている．エネルギー密度と同時に，熱的に安定な材料が求められている．エネルギー密度を飛躍的に向上させるために，遷移金属酸化物以外の空気電極や硫黄系電極等が研究されているが，サイクル寿命や安定性など課題が多い．

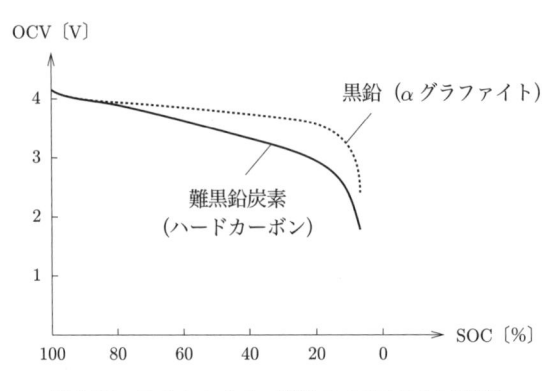

図5.25 リチウムイオン電池のOCV対SOC特性

5.6 バッテリーマネジメント

5.6.1 バッテリーマネジメントの概要

長期にわたって信頼性を確保するには，素電池（cell）とそれを直並列した組電池（battery）の電気的，熱的なマネジメントが必須である．バッテリーコントローラの主な機能を以下に列挙する（図5.26を参照）．

- セル毎，あるいは複数のセルの温度，電圧，電流のモニタ
- 状態変数SOCの推定とプラントパラメータSOHの同定
- 授受可能パワー（SOP：State Of Power）の推定と充放電最適制御
- バッテリーの診断とセルバランス制御（各セルの電圧が不均一だと，特定のセルの劣化が進行し，組電池全体の寿命が短くなる．均一化するためには，たとえば平均より高い電圧のセルを放電してバランスをとる）
- 故障の判定と，それに伴うフェールセーフやシステム停止モードへの状態遷移

などがある．

組電池では一般に電池を直列にして高電圧化しているため，バッテリーコントロー

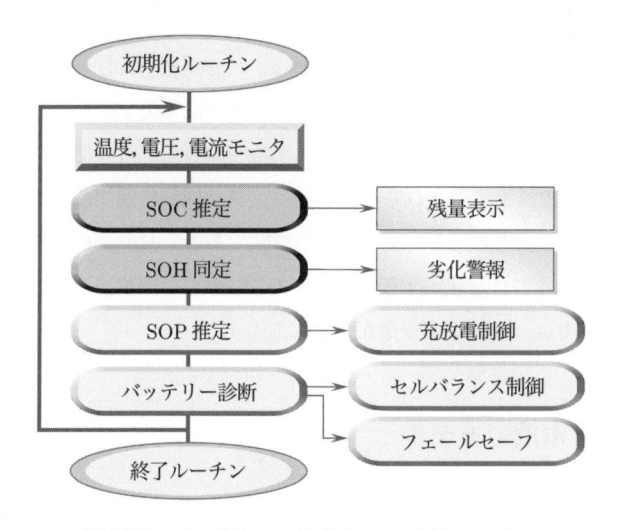

図5.26 バッテリーマネジメントの基本ルーチン

ラに高電圧回路を使うか，フォトカプラやスイッチキャパシタでフローティング（絶縁分離）の状態にして，低耐圧の電子回路を動作させる必要がある．

5.6.2　二次電池の劣化

二次電池には以下の二つの劣化モードがある．

(1) **サイクル寿命** —— 充放電時の電気化学的，物理的変化に起因する劣化モードである．主電源として繰り返し充放電される電池がこれに当てはまり，一定の条件で充放電を繰り返したサイクル数と，電池の満充電容量との関係をプロット（サイクル特性）して評価する．放電深度が大きいと寿命が短くなるので，ハイブリッド車や電気自動車のように長寿命が必要な用途では，最大充放電範囲を制限して使うことが多い．クーロン効率（=放電電荷/充電電荷）を β とすると，1回のフル充電当たり $(1-\beta)$ の割合で健全度（SOH）が失われていくので，N サイクル後の健全度は，

$$\text{SOH} \approx \frac{1}{1+N(1-\beta)} \tag{5.13}$$

で近似できる．リチウムイオン二次電池で $\beta \approx 0.9995$ とすると，$N=500$ サイクルでSOH $\approx 80\%$ となる．劣化の温度依存性はアレニウスモデルで近似できる．そのときの活性化エネルギーは $E_a = 40$〔kJ/mol〕程度である．

(2) **カレンダ寿命** —— 電池を長期保存したときの電気化学的反応で劣化するモードである．停電対策用電池のように，平常時は負荷から分離された状態で維持充電（トリクル充電）される使用形態や，負荷接続状態で浮動充電（フロート充電）される使用形態も広義の保存の状態である．長期間にわたり販売店や輸送船内で在庫されたり，自宅やオフィスの駐車場に停車または放置されたりする電動車では，カレンダ寿命が重要になる．

5.6.3　二次電池のモデル

二次電池のモデルには，第2章で説明した燃料タンクモデル（p.46，図2.15を参照）や，図5.27に示す，電気的な等価回路モデルや状態空間モデルなどがある．完

(a) 等価回路モデル

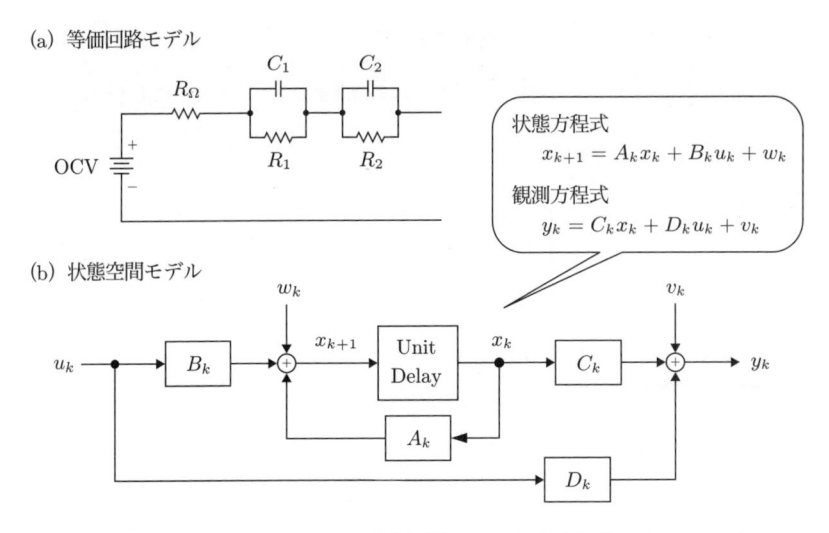

状態方程式
$$x_{k+1} = A_k x_k + B_k u_k + w_k$$
観測方程式
$$y_k = C_k x_k + D_k u_k + v_k$$

(b) 状態空間モデル

図 5.27 バッテリーの等価回路モデルと状態空間モデル

全放電実験を行って電流を積算すれば，電池の重要なパラメータであるSOCやSOHを求めることができるが，運転中はこうした計測法は一般に不可能で，何らかの推定手段が必要になる．

5.6.4 リチウムイオン電池の内部状態推定

(a) 逐次状態記録法によるSOC, SOH, SOPの推定

逐次状態記録（bookkeeping）法とは，実電池の電圧や電流などの時系列データの出入りをすべて記録し，そこから電池の内部状態を推定する手法である（図5.28を参照）．

充放電電流 $I(t)$ を積分すると，電池（燃料タンク）に出入りした電荷量 $Q(t)$ は

$$Q(t) = \int I(t) \mathrm{d}t \tag{5.14}$$

より計算できる．電池に充電された電荷の初期値 $Q(0)$，満充電容量FCCが既知であれば，

$$\mathrm{SOC} = \frac{Q(0) + Q(t)}{\mathrm{FCC}} \tag{5.15}$$

よりSOCを求めることができる．

SOC 推定

電流 $I(t)$ の時間積分 ΔC に補正を加えて推定

$\Delta C = I(t)\Delta t$ ：クーロンカウント

$\Delta RC = \beta \Delta C - gV\Delta t$

ΔRC：残量変化
β：クーロン効率
g：自己放電コンダクタンス（温度の関数）
RC：残量 $= SOC \cdot SOH \cdot DC$

電圧変化：$V(t)$
電流変化：$I(t)$
温度変化：$T(t)$

実電池 → 使用履歴

常時モニタ＆記録
$V(t_j),\ I(t_j),\ T(t_j)$

SOH 推定

下記の計算式やテーブルルックアップで推定

サイクル劣化：$SOH = [1 + N(1-\beta)]^{-1}$

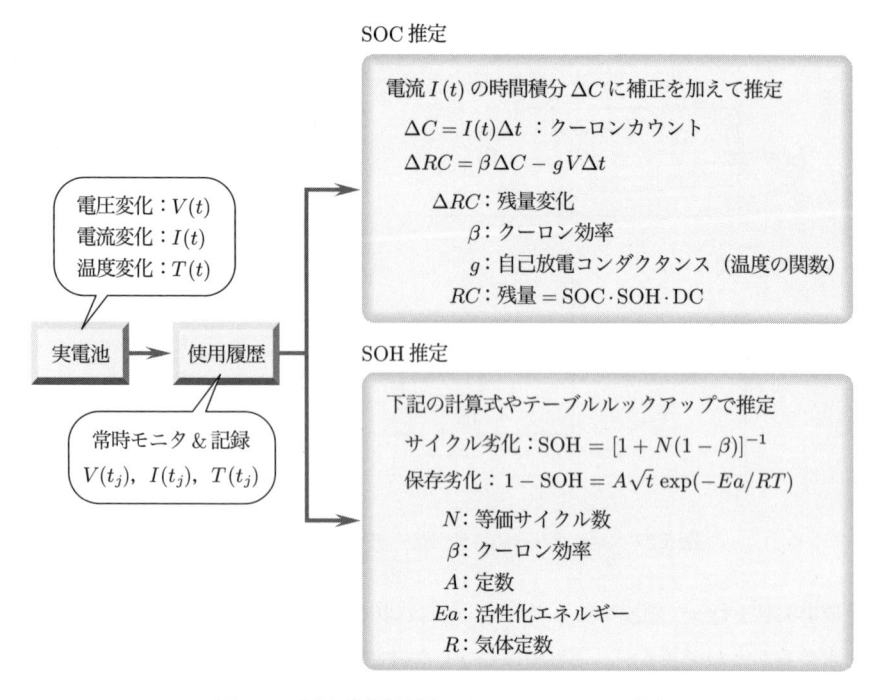

保存劣化：$1 - SOH = A\sqrt{t}\exp(-Ea/RT)$

N：等価サイクル数
β：クーロン効率
A：定数
Ea：活性化エネルギー
R：気体定数

図 5.28　逐次状態記録法による SOC/SOH の推定

このように電流の時間積分で電荷を求める方法を**クーロンカウント**（Coulomb count）**法**と呼ぶ．実用するには，充電効率（クーロン効率 β）や自然放電を補正する数式やテーブルが必要になる．

SOH の推定は，電池の使用履歴，すなわち充放電電流履歴，温度履歴，経時履歴などと SOH の関係をあらかじめ実験で求め，計算式やデータテーブルから得る．

SOP は電池の SOC や SOH, 温度などに依存する．テーブルにあらかじめ実験データを収納しておき，それを参照して充放電電流の最大許容値を決定するのが通例である．

逐次状態記録法は簡単で使いやすいが，

- 電池の状態を常時モニタする必要がある
- ひとたび SOC や SOH の推定がずれると，誤差が集積して，元に戻るのが難しい

- 事前に多数の実験データを取得する必要がある

などの欠点がある．

(b) 状態推定器を使った電池のSOC, SOHの推定

電池の等価回路や状態空間モデルを作成し，状態推定器を使って電池の内部状態を推定する手法である（図5.29を参照）．電池の状態は，使用環境や使用履歴で変化する．適応カルマンフィルタなどを使って，モデルのパラメータを逐次更新する．収束性が保証されていれば，モデルは実電池に追従する．逐次的手法なので逐次状態記録法と比べて入力データのメモリ容量は少なくて済むが，数値計算量が膨大になる．マイクロプロセッサやディジタルシグナルプロセッサ（DSP）などの演算能力が増大したために実用化が可能になった．

適応カルマンフィルタによる推定では，電池モデルの入力に，実電池と同一の入力 u_k（電流や温度）を入力する．つぎに，実電池の出力 y_k（端子電圧 V_t）と，モデルの出力 y_k（端子電圧の推定値 $\widehat{V_t}$）を比較し，両者に差があれば，あるフィードバックゲインをそれに掛けて戻し，誤差が最小になるようモデルを修正する．これを繰り返し $\widehat{x}_k$ を逐次求め，真の内部状態量 x_k，たとえばOCVを推定する．

SOCの推定には，OCVとSOCの関係がSOHに依存しないことを利用する．逐次状態記録法によるSOC推定と異なり，常時観測データが不要で，誤差の集積がない．ただし，SOCの変化に対するOCVの変動は小さいため，短時間のSOC変動量の推定にはクーロンカウント法が原理的に優れている．そのため，両者の長所を融合した方法もある．

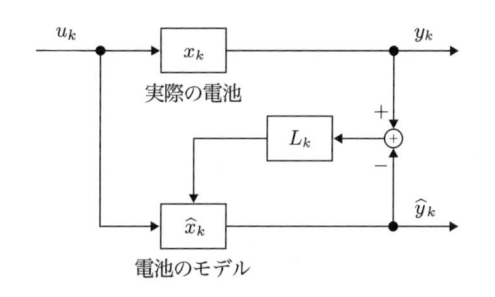

u_k：電池の入力（電流，温度）
y_k：電池の出力（端子電圧）
$\widehat{y}_k$：出力の推定値
x_k：電池の内部状態
$\widehat{x}_k$：内部状態の推定値
L_k：カルマンゲイン

図5.29 カルマンフィルタによる電池の内部状態の逐次推定

SOHは内部抵抗の変化などから推定するが，抵抗の温度依存性が大きいので，誤差を少なくする工夫がいる．充放電で急激に変動するSOCと異なり，システムパラメータのSOHは緩やかに単調減少する変数なので，推論には時間的な余裕がある．SOHを推定するときに，過去の推定値に忘却係数 λ（< 1）で重みづけし，指数加重移動平均化する方法などがある．

参考文献

[1] 渡辺 正ほか：電気化学, 丸善, 2001.

[2] 美浦 隆ほか：電気化学の基礎と応用, 朝倉書店, 2004.

[3] 石原顕光, 太田健太郎：原理から捉える電気化学, 裳華房, 2006.

[4] 小久見善八ほか：リチウム二次電池, オーム社, 2008.

[5] V. Pop, H. J. Bergveld, P. H. L. Notten and P. P. L. Regtien : State-of-the-art of battery state-of-charge determination, *Measurement Science and Technology*, Vol.16, pp.93–110, 2005.

[6] G. L. Plett : Extended Kalman filtering for battery management systems of LiPB-based HEV battery packs — Part 2 : Modeling and identification, *Journal of Power Sources*, Vol.134, pp.262–276, 2004.

[7] Mark W. Verbrugge : Adaptive, multi-parameter battery state estimator with optimized time-weighting factors, *Journal of Applied Electrochemistry*, Vol.37, No.5, pp.605–616, 2007.

第6章 走行用モータとその制御

6.1 電動モータの基本特性

　モービルパワーエレクトロニクスの主なアクチュエータは，電動モータ（以下ではモータと略記する）である．移動体に搭載された，限られたエネルギー源であるバッテリーの容量をできるだけ効率的に利用するために，モータにはつぎのようなことが要求される．

- 限られたスペースにモータを搭載する必要があり，モータ自重の増加はエネルギー消費の増大につながるため，**小型・軽量化**が強く望まれる．
- 移動体の運動性能を確保するために，**高トルク**や**高パワー**が要求される．

このように，移動体に用いるモータ駆動システムでは，相反する要求に対して高度なトレードオフをとる必要がある．
　第2章で少し触れたが，モータが発生する力はフレミングの左手の法則で記述され，エアギャップで発生する電磁力は磁束密度と電流の積に比例する．磁束密度はモータに使用される鉄心の飽和磁束密度に制限され，電流は導体内で発生する損失による温度上昇により制限される．このため，モータが発生可能な電磁力の最大値は，大雑把ではあるが，エアギャップ部分の面積に比例すると考えられる．
　モータ回転子の模式図を図6.1に示す．図より，モータ回転子は円筒形に近似できるので，エアギャップ面積 S_g は

$$S_g = 2\pi r \ell \tag{6.1}$$

となる．この電磁力は回転子の回転中心に対して半径 r の位置で発生しているため，モータの最大発生トルク τ_m は，エアギャップ面積に r を掛けた量に比例する．すな

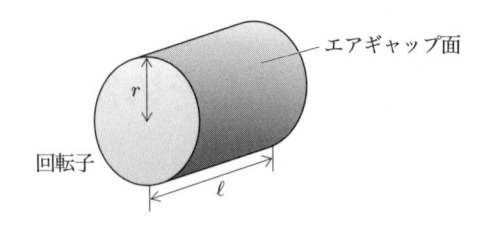

図6.1 モータの回転子

わち，

$$\tau_m \propto S_g r = 2\pi r^2 \ell \tag{6.2}$$

である．式 (6.2) より，モータの最大トルクは回転子の体積

$$V_r = \pi r^2 \ell \tag{6.3}$$

より決まる．これは，モータの**トルク密度**（単位体積あるいは単位重量当たりの最大トルク）には限界があることを意味する．磁性材料的な限界があるため，エアギャップ面の磁束密度の向上は難しい．よって，トルク密度を増加するためには最大電流の増加が有効である．このためには，巻線抵抗による発熱の放熱技術が重要な役割を果たす．

一方，モータが発生する機械的パワー P は，

$$P = \tau\omega \tag{6.4}$$

で与えられる．ここで，τ はトルク，ω は回転角速度である．したがって，モータが発生できる最大パワーあるいは**パワー密度**（単位体積あるいは単位重量当たりのパワー）を向上させるためには，最大トルクあるいはトルク密度を増加するとともに，最大回転数を上昇させることが有効である．ただし，最大回転数を上昇させるためには，軸受け，回転子の機械的強度，モータ周波数の上昇による変換器の応答性などの技術的課題を解決する必要がある．

6.2　交流モータ駆動システムの構成と基本特性[1]

　移動体での使用を想定した交流モータ駆動システムの構成を図6.2に示す．移動体におけるエネルギー源としては，バッテリー（直流電源）が用いられる．インバータの電源としてバッテリーを直接接続するのが一般的であるが，必要に応じてバッテリーとインバータの間にDC/DCコンバータを使用することもある．DC/DCコンバータを追加することは効率，部品点数，体積の点で不利であるが，インバータの入力電圧を可変にすることにより，モータの制御範囲を拡大できるだけでなく，モータやインバータのスイッチング損失も含めたシステム全体の損失低減に寄与できる．

　インバータの入力電圧検出は，DC/DCコンバータによる入力電圧制御のために必須であるが，DC/DCコンバータを用いない場合でもバッテリーの異常検出や高負荷時のバッテリー電圧低下の影響を補償するために用いられる．図6.2の **PWM**（Pulse Width Modulation，パルス幅変調）**インバータ**では，入力の直流電力を交流電力へ変換して交流モータを駆動する．PWMインバータは，制御回路に実装されたベクトル制御などのモータ制御法に基づき，任意の振幅と位相の出力電圧を交流モータに印加できる．ただし，出力電圧の最大値は直流入力電圧で制限される．

　図6.2は，制御回路内に速度制御系を構成し，交流モータの回転速度を制御することを想定して描かれているが，用途によっては位置制御あるいはトルク制御をする場合もある．交流モータの位置・速度を高速に制御するためには，交流モータの瞬時トルクを制御しなければならない．この瞬時トルクは，交流モータの巻線に鎖交する磁束とモータ電流の相互作用により発生する．このため，モータ電流を検出し

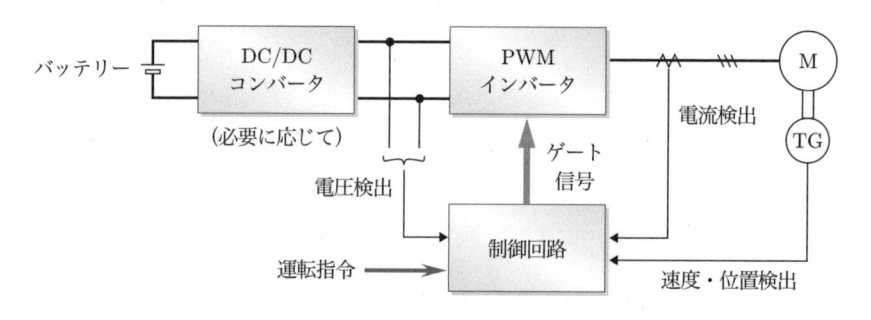

図6.2　交流モータ駆動システム

て電流マイナーループを構成し、モータ電流を制御するのが一般的である。制御回路では、上位システムからの運転指令や、各種センサから得られた電圧・電流・速度などの情報をもとに、モータ制御演算や保護処理を行った結果として、PWMインバータのゲート信号を決定する。

交流モータ駆動システムの基本特性を図6.3に示す。ここでは、簡単のために

- モータ内部の磁束の大きさ Φ は、自由に調整できること
- モータのトルク電流 I は、自由に制御できること
- トルク電流 I とモータ電圧 V の最大値は、PWMインバータの定格電圧で制限されること

を仮定した。

モータの出力トルク T は、

$$T \propto \Phi I \tag{6.5}$$

を満たす。ただし、Φ は磁束の大きさ、I はトルク電流である。これより、高トルクを得るためには、磁気飽和の許す範囲内で磁束 Φ を最大に保つことが有利である。磁束 Φ を一定に保ったとき、トルク電流 I の最大値はインバータの定格電流により制限されるので、モータが出力可能な最大トルク T もまた制限される。このため、磁束 Φ を一定に保っている基底速度以下の低速領域では、モータの最大トルクは回転

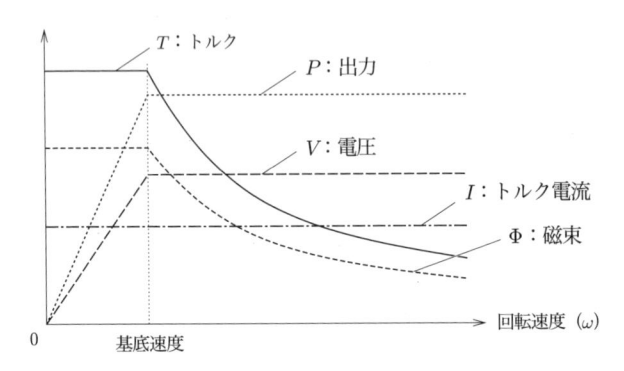

図6.3 交流モータ駆動システムの基本特性

速度ωにかかわらず一定である．このとき，モータの出力パワーPは，

$$P = T\omega \tag{6.6}$$

を満たすので，モータの最大出力はωに比例して増加する．

　一方，モータ巻線に発生する誘起起電力の大きさは，Φとωの積に比例する．簡単のために，巻線インピーダンスによる電圧降下が誘起起電力に比べて十分小さく無視できて，モータの端子電圧Vが誘起起電力に等しいと仮定すると，

$$V \propto \Phi\omega \tag{6.7}$$

を得る．基底速度以下の低速領域ではΦが一定なので，Vはωに比例して増加する．このため，ωが高くなりすぎると，PWMインバータは最大出力電圧より大きな電圧を出力できないため，十分なモータ電流を流すことができず，それ以上の回転数でモータを駆動することはできない．

　この問題を解決してモータの運転可能な速度範囲を拡大するのが，**界磁弱め制御**である．式(6.7)を考慮すると，基底速度以上の中・高速領域において，磁束Φを回転速度ωに対して反比例するように制御すれば，モータ電圧Vを回転速度ωによらず一定に保つことができ，モータを適切に駆動することができる．この界磁弱め制御を行っている速度範囲においては，モータの出力可能なトルクTは回転速度ωに反比例して減少し，出力Pは一定になる．このため，基底速度以上の運転範囲は**定出力領域**，基底速度以下は**定トルク領域**と呼ばれる．

　実際にモータの運転が可能な最高速度は，回転子構造や軸受けなどの機械的強度，PWMのキャリア周波数や制御遅れなどから決まるインバータ出力周波数の上限など，さまざまな要因で決定される．また，説明を簡単にするためにいくつかの仮定を課したが，たとえばモータ巻線インピーダンスの電圧降下は実際には無視できない．そのため，磁束を回転速度に対して反比例するように制御しても，モータ端子電圧は上昇して，運転可能な最高速度を制限することになる．この最大速度の基底速度に対する比を**可変速比**と呼ぶ．移動体用ドライブでは比較的大きな可変速比が要求される．

　図6.4に，モータの出力トルク（横軸）と回転速度（縦軸）の関係を示す．たとえば，電気自動車やハイブリッド電気自動車の駆動用モータを考えると，前進加速す

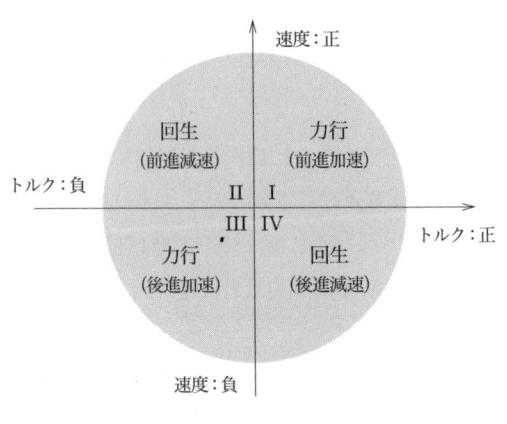

図6.4 4象限運転

る場合には速度もトルクも正方向であり，モータでは電気エネルギーを機械エネルギーに変換して加速する．この状態は，図6.4では第Ⅰ象限に相当する．前進減速の場合には第Ⅱ象限に相当し，モータは発電機となって，機械エネルギーを電気エネルギーに変換する．このとき，モータを駆動しているPWMインバータは，PWM整流器として動作することになる．後進加速・減速は第Ⅲ・Ⅳ象限にそれぞれ相当し，力行運転と回生運転となる．このように，モータの回転速度と出力トルクの両方が両極性となる運転を **4象限運転** と呼び，移動体においては4象限運転が必要とされる用途が多い．

6.3 移動体システムに使われるモータ

6.3.1 モータの種類と分類[2]

表6.1に移動体で使用される電動モータの種類を，図6.5に各種モータの回転子構造を示す．移動体の電源はほとんどバッテリーなどの直流電源であるため，古くからDCモータが使われてきた．DCモータは制御が容易で扱いやすいモータであるが，機械的ブラシ・整流子を有するため，体積・重量の点で不利であるだけでなく，機械的摩耗により定期的な保守が必要である．それに対して，交流モータはブラシレス構造（巻線形誘導モータや界磁巻線を有する同期モータなど，ブラシやスリップリングを有するものは除く）であるため，定期的な保守の必要はない．

表6.1 移動体で利用されるモータ

種類	回転子巻線	励磁	回転磁界	長所	短所
DCモータ（DCM）	有	永久磁石または界磁電流	—	制御が簡単	機械的ブラシ整流子，要保守
誘導モータ（IM）	有	励磁電流	回転磁界	堅牢・安価，弱め界磁が容易	効率，回転子発熱
永久磁石同期モータ（PMSM）	無	永久磁石	回転磁界	高効率，回転子構造が簡単	磁石が高価，熱減磁
シンクロナスリラクタンスモータ（SyRM）	無	励磁電流	回転磁界	回転子構造が簡単	効率
スイッチトリラクタンスモータ（SRM）	無	励磁電流	移動磁界	回転子構造が簡単	効率

(a) IM　　(b) SPMSM　　(c) IPMSM

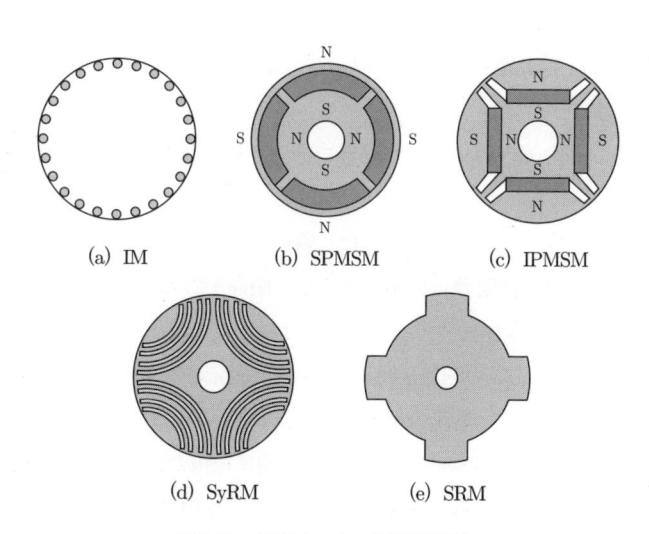

(d) SyRM　　(e) SRM

図6.5　各種モータの回転子構造

　移動体では，誘導モータ，永久磁石（PM：Permanent Magnet）同期モータ[1]，シンクロナスリラクタンス（SyR：Synchronous Reluctance）モータ，スイッチトリラクタンス（SR：Switched Reluctance）モータなどの交流モータが利用される．これらの交流モータについて，

---

[1] 永久磁石同期モータ（PMSM）は，回転子表面に磁石を貼り付けた表面永久磁石同期モータ（SPMSM）と，回転子内部に磁石を埋め込んだ内部永久磁石同期モータ（IPMSM）に大別される．

(1) 回転子巻線の有無
(2) 励磁を永久磁石で行うか,外部から供給した励磁電流で行うか
(3) 回転磁界か,移動磁界か

という観点から分類しよう.

(1) の回転子巻線の有無は,回転子巻線の発熱による回転子の冷却が難しいという問題と,高速回転時の遠心力による巻線の機械的強度をいかに確保するかという問題に関係する.回転子巻線がないほうが,放熱の点においても機械的強度の点においても有利である.

(2) については,励磁を永久磁石によらない場合は,モータ外部から励磁電流を供給してモータ内の磁界を確立する必要があり,励磁電流を流すための損失の発生につながる.このため,永久磁石で励磁を行うモータが効率の点で有利である.しかし,永久磁石の磁束は調整ができないため,界磁弱め制御を行うには励磁電流を外部から供給するほうが有利である.

(3) は,モータ内部の磁束が回転磁界であるか移動磁界であるかによる分類で,表6.1のモータの中でスイッチトリラクタンスモータのみが移動磁界に分類される.移動磁界の場合には,励磁相に蓄積された磁気エネルギーをつぎの励磁相に移す必要があるため,電力変換器の負担が大きくなる傾向がある.ここで,移動磁界であることと固定子巻線が集中巻きであることとは異なるので注意を要する.

3相交流電流と回転磁界の関係を図6.6に示す.固定子巻線は,3相4極巻を想定している.各巻線の記号は,電流の相と方向を表している.たとえば,U相電流i_uが正のときに,+U巻線には紙面の裏から表の方向に電流が流れる.図6.6左上に,U相電流が最大の時刻における各巻線の電流と発生する磁極を示す.電流の大きさは円の大きさで,向きは"×"と"・"で表している.磁極の位置と方向は矢印で示しており,3相巻線により固定子円周上に四つの磁極が発生している.図6.6の左上から順番に,電流位相が60°ごとの電流と磁極を示している.磁極の強さは電流位相にかかわらず一定で,電流位相が60°ごとに磁極が反時計方向に30°ずつ回転する4極の回転磁界になっている.黒い矢印は電流の1周期で1/2回転しており,4極機の場合の機械角は電気角の1/2となることがわかる.図6.5の (a)〜(d) のモータの場合には,図6.6のような固定子に回転子が挿入されている.各モータは,基本的にはこの

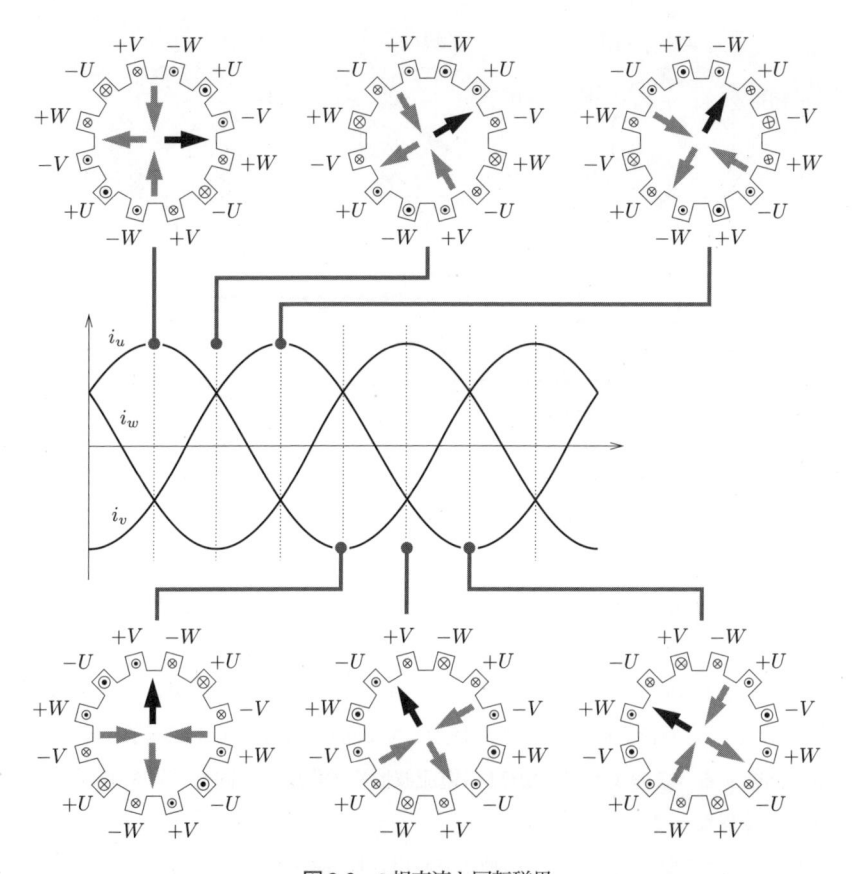

図6.6　3相交流と回転磁界

回転磁界の回転速度（同期速度）で回転する．誘導モータ（IM：Induction Motor）の場合には，滑りだけ遅れて回転する．

　スイッチトリラクタンスモータ（SRM）の動作原理を図6.7に示す．SRMの場合には，各巻線には単一方向の電流を流し，各相の電流を切り換える．各巻線の記号は，電流の相と方向を表している．たとえば，+U巻線は固定子から回転子の方向に磁界を発生する．図6.7左上のU相巻線に電流を流した場合には，回転子内には矢印の方向に磁束が発生し，図の位置に回転子が揃うようにトルクが発生する．つぎにV相巻線に電流を切り換えると，回転子内の磁束の方向は反時計方向に120°だけ変わるが，滑らかに回転するのではなく，単に磁極の位置が移動するだけである．こ

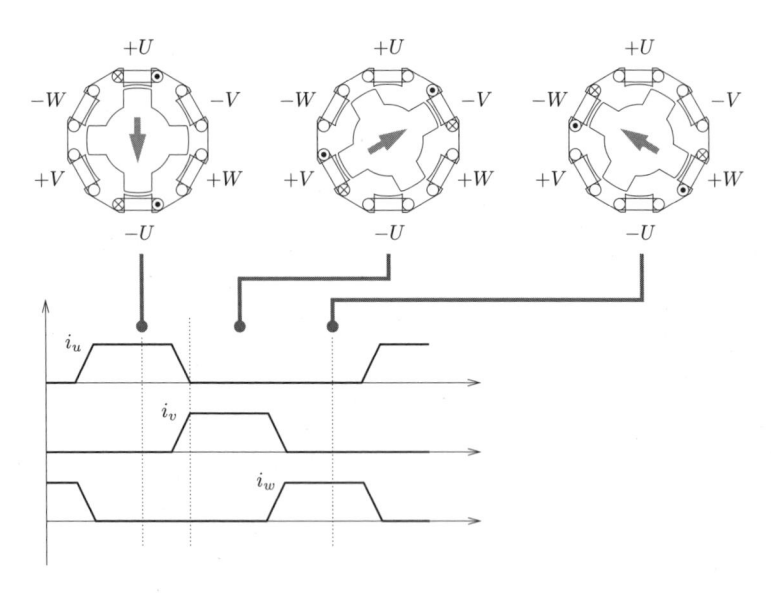

図6.7 スイッチトリラクタンスモータ（SRM）の動作原理

のとき，回転子は時計方向に30°回転した方向に揃おうとする．結果として，電流の1周期で磁極は反時計方向に120°ずつ移動して1回転（360°）し，回転子は時計方向に90°回転する．このように，SRMの電流波形や動作原理は回転磁界を用いるモータと大きく異なっている．

さて，6.1節で少し述べたが，移動体で使用されるモータは，一般の産業用モータとは違い，つぎのような事項が要求される．

まず，スペースの限られた移動体に搭載されるため，モータは**小型・高出力**である必要がある．つぎに，電気自動車（EV）やハイブリッド電気自動車（HEV）などの駆動系に用いるモータでは，停止時から高速走行時まで**広範囲の可変速運転**が求められる．一方，バッテリーという限られたエネルギーで，できるだけ大きな仕事を行うことのできる**高効率運転**も望まれる．また，移動体の場合にはモータが搭乗者の近くに配置されることが多く，**低振動・低騒音**である必要がある．さらに，極寒から極暑まで過酷な温度環境でも動作する必要もある．

小型・高出力で高効率という観点からは永久磁石同期モータが最も優れており，近年その利用が増加している．しかし，モータ内部の磁束を調整することが難しいた

め，界磁弱め制御（永久磁石同期モータの場合，磁束弱め制御とも呼ばれる）の可変速比を大きくとることが難しい，あるいは界磁弱め制御時の効率が低下しやすくなる．また，使用する永久磁石は高価で，高温環境下では熱減磁[2]しやすい．さらに，わが国ではレアアースなどの永久磁石材料は輸入に頼らざるを得ない．

　誘導モータの効率は永久磁石同期モータほど高くないが，誘導モータは堅牢・安価で界磁弱め制御もしやすい．また，永久磁石を用いないので，使用環境温度や資源の問題も少ない．

　回転子巻線がなく永久磁石を用いないシンクロナスリラクタンスモータとスイッチトリラクタンスモータについても，近年研究されている．これらのモータの回転子は鉄心のみの構造であるため，堅牢・安価な移動体用モータとして期待される．

　永久磁石を回転子鉄心の内部に埋め込み，マグネットトルクとリラクタンストルクとの両方を利用するモータとして，内部永久磁石（IPM：Interior Permanent Magnet）モータと永久磁石リラクタンスモータ（PRM：Permanent magnet Reluctance Motor）がある．この2種類のモータの違いは，IPMモータがマグネットトルクを主にしているのに対して，PRMモータがリラクタンスモータを主にしていることである．この2種類のトルクを利用することにより，界磁弱め制御が容易で，かつ高効率という移動体に適した特性が実現できる．IPMモータはハイブリッド電気自動車の駆動用モータとしてすでに実用化されている．

　実際の電動モータの使用にあたっては，その用途や使用条件により適切なモータが選択される．主駆動源のモータでは，発進・停止が頻繁な交通環境の市場向けの電気自動車には，エネルギー効率を考え，永久磁石を使ったモータ，すなわち表面永久磁石同期モータ（SPMSM：Surface Permanent Magnet Synchronous Motor）や内部永久磁石同期モータ（IPMSM：Interior Permanent Magnet Synchronous Motor）などの永久磁石同期モータが一般に使われる．しかし高速走行モードが主となる場合は，新幹線などと同じように，誘導モータが使われることがある．低コストの上に，高速回転時に無駄な電流を流すことで界磁を弱めて起電力を抑える必要がない

---

[2] ネオジム磁石などの高性能磁石は，温度上昇に伴って保磁力が低下する特性を持っている．このため，常温では問題のない減磁方向の磁界であっても，温度上昇した際には不可逆減磁を生ずる場合がある．このように，温度上昇時に磁石の磁化が減少する，あるいは磁化を失う現象を熱減磁という．

からである.

使用条件や実装条件に応じて,モータの巻線法として,分布巻き,あるいは集中巻きが選択される.ハイブリッド車でエンジン,トランスミッションと同軸に実装する場合は全長が短く扁平な集中巻きが選択され,実装スペースがあるときは分布巻きが選択されるが,技術の進歩により選択の自由度が増している.

6.3.2 各種モータの数学モデル[3]

各種モータの数学モデルを構築することによって,モータの解析や制御系をモデルベースで系統的に行うことができる.モータのモデリングの基礎は,**座標変換**と**空間ベクトル理論**である.本項で構築する数学モデルの守備範囲を以下にまとめておこう.

- 座標変換と空間ベクトル理論では,すべての変数は瞬時値として取り扱われ,導出された数学モデルは過渡特性を含む特性解析に使用できる.
- 巻線の起磁力分布や磁束分布は正弦波状であることを仮定しており,一般に空間高調波などの影響を解析できない.
- 数学モデルでは巻線抵抗は模擬されているが,鉄損に相当する損失は含まれていない.
- 交流機では,モータ内部の磁束は電源周波数で決まる同期速度で回転しているため,数学モデルでは,磁束を基準にした座標系を採用するのが一般にはわかりやすい.磁束を基準とした座標系から観測した電圧,電流,磁束などの物理量は,定常状態では一定の直流量になるからである.

座標変換と座標系の関係を図6.8に示す.たとえば,次式のような固定子巻線に流れる3相交流電流を考える.

$$
\begin{aligned}
i_u &= \sqrt{2}I\cos(\omega t + \theta) \\
i_v &= \sqrt{2}I\cos(\omega t + \theta + \frac{2}{3}\pi) \\
i_w &= \sqrt{2}I\cos(\omega t + \theta - \frac{2}{3}\pi)
\end{aligned}
\tag{6.8}
$$

これは,実効値がIで位相がθの3相交流電流である.各相の電流はそれぞれ120°位

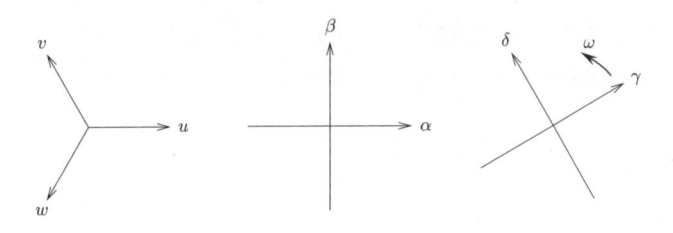

(a) 3相固定子座標　　(b) 2相固定子座標　　(c) 2相磁束座標

図6.8　座標変換と座標系

相が異なるので，図6.8（a）のような座標軸で表される．しかし，3相3線式の場合には3相電流の総和は常にゼロとなり，3相電流の自由度は3ではなく2であるため，次式の3相/2相変換により，等価な2相直交座標系である（b）2相固定子座標に変換する．

$$\begin{bmatrix} i_\alpha \\ i_\beta \end{bmatrix} = \sqrt{\frac{2}{3}} \begin{bmatrix} 1 & -1/2 & -1/2 \\ 0 & \sqrt{3}/2 & -\sqrt{3}/2 \end{bmatrix} \begin{bmatrix} i_u \\ i_v \\ i_w \end{bmatrix} = \begin{bmatrix} \sqrt{3}I\cos(\omega t + \theta) \\ \sqrt{3}I\sin(\omega t + \theta) \end{bmatrix} \quad (6.9)$$

この場合には，電流ベクトルは2相固定子座標において半径が$\sqrt{3}I$で回転角速度がωの円軌跡を描く．さらに，次式を用いて回転座標変換すると，電流ベクトルは静止したベクトルに変換できる．

$$\begin{bmatrix} i_\gamma \\ i_\delta \end{bmatrix} = \begin{bmatrix} \cos\omega t & \sin\omega t \\ -\sin\omega t & \cos\omega t \end{bmatrix} \begin{bmatrix} i_\alpha \\ i_\beta \end{bmatrix} = \begin{bmatrix} \sqrt{3}I\cos\theta \\ \sqrt{3}I\sin\theta \end{bmatrix} \quad (6.10)$$

以下では，いくつかのモータの数学モデルを紹介する．

(a) 誘導モータ

磁束座標系で表した誘導機の電圧電流方程式とトルク方程式は，

$$\begin{bmatrix} \boldsymbol{v}_1 \\ \boldsymbol{0} \end{bmatrix} = \begin{bmatrix} r_1 & 0 \\ 0 & r_2 \end{bmatrix} \begin{bmatrix} \boldsymbol{i}_1 \\ \boldsymbol{i}_2 \end{bmatrix} + \begin{bmatrix} \frac{\mathrm{d}}{\mathrm{d}t} + \boldsymbol{J}\omega & 0 \\ 0 & \frac{\mathrm{d}}{\mathrm{d}t} + \boldsymbol{J}\omega_s \end{bmatrix} \begin{bmatrix} \boldsymbol{\phi}_1 \\ \boldsymbol{\phi}_2 \end{bmatrix} \quad (6.11)$$

$$\begin{bmatrix} \boldsymbol{\phi}_1 \\ \boldsymbol{\phi}_2 \end{bmatrix} = \begin{bmatrix} L_1 & M \\ M & L_2 \end{bmatrix} \begin{bmatrix} \boldsymbol{i}_1 \\ \boldsymbol{i}_2 \end{bmatrix} \quad (6.12)$$

$$\tau = pM\boldsymbol{i}_1{}^T\boldsymbol{J}\boldsymbol{i}_2 = p\boldsymbol{\phi}_2{}^T\boldsymbol{J}\boldsymbol{i}_2 = -p\boldsymbol{\phi}_1{}^T\boldsymbol{J}\boldsymbol{i}_1 \quad (6.13)$$

で与えられる．ここで，一次電圧ベクトル v_1，一次電流ベクトル i_1，二次電流ベクトル i_2，一次鎖交磁束ベクトル ϕ_1，二次鎖交磁束ベクトル ϕ_2，そしてゼロベクトル 0 は，

$$v_1 = \begin{bmatrix} v_{\gamma 1} \\ v_{\delta 1} \end{bmatrix}, \quad i_1 = \begin{bmatrix} i_{\gamma 1} \\ i_{\delta 1} \end{bmatrix}, \quad i_2 = \begin{bmatrix} i_{\gamma 2} \\ i_{\delta 2} \end{bmatrix},$$

$$\phi_1 = \begin{bmatrix} \phi_{\gamma 1} \\ \phi_{\delta 1} \end{bmatrix}, \quad \phi_2 = \begin{bmatrix} \phi_{\gamma 2} \\ \phi_{\delta 2} \end{bmatrix}, \quad 0 = \begin{bmatrix} 0 \\ 0 \end{bmatrix}$$

で与えられる．各列ベクトルは，それぞれ $\gamma\delta$ 直交座標系の各成分で表される．$\gamma\delta$ 座標系は，固定子座標に対して二次鎖交磁束ベクトル ϕ_2 と同じ回転角速度 ω で回転する回転座標系で，ここでは，γ 軸の方向と二次鎖交磁束ベクトルの方向が一致している，すなわち $\phi_{2\gamma} = 0$ とすると考えやすい．また，J は

$$J = \begin{bmatrix} 0 & -1 \\ 1 & 0 \end{bmatrix} \tag{6.14}$$

で与えられる $90°$ の回転行列である．すなわち，この行列によりある列ベクトルを一次変換すると，元のベクトルに対して $90°$ 反時計回りに回転させる効果がある．これは，交流理論の $j\omega$ の j がベクトル（あるいはフェーザ[3]）を $90°$ 進ませる演算のアナロジーと考えられる．交流理論は一定振幅，一定周波数を仮定した理論であるので，過渡現象は取り扱えない．しかし，座標変換や空間ベクトル理論においてはこのような仮定が課されていないので，ここで示された電圧電流方程式やトルク方程式は，過渡状態であっても成立することに注意する．

式 (6.11) は，一次巻線と二次巻線の電圧と鎖交磁束の関係を表している．すなわち，巻線の電圧は巻線の鎖交磁束の時間的変化と巻線抵抗による電圧降下の総和である．実際の巻線において存在する座標系の回転角速度と観測している座標系の回転角速度が一致する場合には，この関係をそのまま数式で表現すればよい．しかし，両者の回転角速度が一致しない場合には，その相対速度に大きさが比例する**速度起**

---

[3] 単相正弦波 $\sqrt{2}I\sin(\omega t + \theta)$ を振幅と位相を用いて，$\dot{I} = Ie^{j\theta}$ のように複素数で表現する表示方法を，フェーザ (phasor) 表示という．フェーザの大きさに最大値を用いる場合と実効値を用いる場合があり，正弦波も sin を基準に位相を定義する場合と，cos を基準にする場合がある．これは電気回路の交流理論で用いられる．交流理論では一定振幅，一定周波数の定常状態のみを取り扱っている．

電力の項と呼ばれる項が，回転座標変換前後の等価性を保つために必要である．固定子巻線の場合は，巻線の速度がゼロで，座標系の速度がωであるので，ωに比例する速度起電力の項が現れている．回転子巻線の場合には，巻線の速度は回転子角速度（電気角）が$p\omega_m$で，座標系の速度がωであるので，その相対速度である

$$\omega_s = \omega - p\omega_m \tag{6.15}$$

に比例する速度起電力の項が現れる．ここで，pはモータの極対数を表す．また，ω_sは滑り角周波数と呼ばれている．なお，式(6.11)において二次電圧ベクトルがゼロベクトルとなっているのは，二次巻線が短絡されていることを意味している．

式(6.12)は鎖交磁束ベクトルと電流ベクトルとの関係を，自己インダクタンスおよび相互インダクタンスと電流ベクトルの積として表す．式(6.13)は誘導機の発生トルクを表している．ベクトルあるいは行列の右肩につけられたTは，行列の転置を表しており，列ベクトルの転置の右から別の列ベクトルを掛ける操作は，二つのベクトルの内積（結果はスカラ）を演算することと等価である．また，式(6.13)のように，J行列を掛けた別のベクトルを，列ベクトルの転置の右側から掛ける操作は，ちょうどベクトルの外積（結果はベクトル）の大きさを演算することと等価である．式(6.13)の最初の式は，誘導機は一次電流ベクトルと二次電流ベクトルの相互作用で発生することを表している．

一方，2番目以降の式は，一次巻線で発生するトルクと二次巻線で発生するトルクがちょうど作用・反作用の関係にあることを示している．なぜなら，二次鎖交磁束ベクトルと二次電流ベクトルから計算したトルクと，一次鎖交磁束ベクトルと一次電流ベクトルから計算したトルクは，大きさが同じで符号が逆だからである．

磁束座標上のベクトルで表現した誘導機のモデルを図6.9に示す．このモデルでは，電圧形インバータで駆動されることを想定して，入力を一次電圧ベクトル，出力を瞬時トルクとしている．したがって，与えられた電圧ベクトルに対してどのように電流ベクトルあるいは鎖交磁束ベクトルが形成され，どのようにトルクが発生するかを，このモデルを用いることで解析あるいはシミュレーションできる．図中のωはインバータの出力周波数に相当し，ω_sはωから回転子速度$p\omega_m$を引いた滑り角周波数である．回転子速度は，機械系の運動方程式の結果として得られるはずであるが，図6.9のモデルに運動方程式は含んでいない．

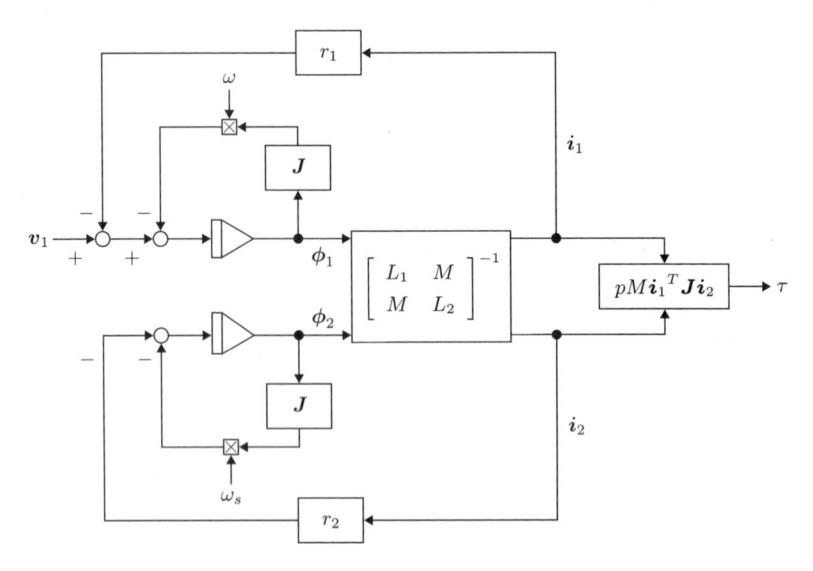

図6.9 磁束座標で表現した誘導機のモデル

(b) 円筒形永久磁石同期モータ

回転子座標で表した円筒形永久磁石同期モータの電圧電流方程式とトルク方程式は，

$$v = ri + \frac{d}{dt}\phi + J\omega_m \phi \tag{6.16}$$

$$\phi = Li + \phi_{\mathrm{mag}} \tag{6.17}$$

$$\tau = p i^T J \phi = p i_q \phi_{\mathrm{mag}} \tag{6.18}$$

で与えられる．ここで，p は極対数であり，電機子電圧ベクトル v，電機子電流ベクトル i，電機子鎖交磁束ベクトル ϕ，そして永久磁石による電機子鎖交磁束ベクトル ϕ_{mag} は，

$$v = \begin{bmatrix} v_d \\ v_q \end{bmatrix}, \quad i = \begin{bmatrix} i_d \\ i_q \end{bmatrix}, \quad \phi = \begin{bmatrix} \phi_d \\ \phi_q \end{bmatrix}, \quad \phi_{\mathrm{mag}} = \begin{bmatrix} \phi_{\mathrm{mag}} \\ 0 \end{bmatrix} \tag{6.19}$$

で与えられる．各列ベクトルは，それぞれ dq 直交座標系の各成分で表されている．dq 座標系は，回転子上で定義された座標系であり，固定子座標に対して回転子角速度 ω_m で回転している．永久磁石の方向に d 軸を，その直交方向に q 軸を定義するの

が一般的である．

式(6.16)は，電機子電圧ベクトルが，巻線抵抗による電圧降下と，電機子鎖交磁束の時間変化により発生する誘導起電力で表されることを示している．しかし，電機子巻線は止まっているのに対して，観測している座標系が回転子角速度 ω_m で回転しているので，ω_m に比例した速度起電力の項が現れている．式(6.17)は，電機子鎖交磁束ベクトルが，永久磁石による磁束と電機子電流による磁束の和であることを示している．このような現象は電機子反作用と呼ばれる．円筒形永久磁石同期モータの場合には，方向に対して同期インダクタンスは変化しないため，L をスカラ量として取り扱っている．式(6.18)のトルク方程式では，トルクは電機子鎖交磁束ベクトルと電機子電流ベクトルの相互作用で発生することを示している．しかし，電機子電流による磁束はトルク発生には寄与しないため，トルクは永久磁石による磁束 ϕ_{mag} と q 軸電流 i_q の積で決まる．このことは，トルクに寄与しない d 軸電流を流すと効率が低下することを意味している．

円筒形永久磁石同期モータの回転子座標モデルを図6.10に示す．基本的には誘導機と同様の手順でモデルを構築しているが，回転子に巻線がないため，誘導機に比べて非常にシンプルな構成になっている．

(c) 内部永久磁石（IPM）同期モータ

図6.5（c）に示した内部永久磁石同期モータ（IPMSM）の回転子構造を見ると，永久磁石が回転子内部に埋め込まれている．永久磁石の作る磁束の方向が d 軸，それ

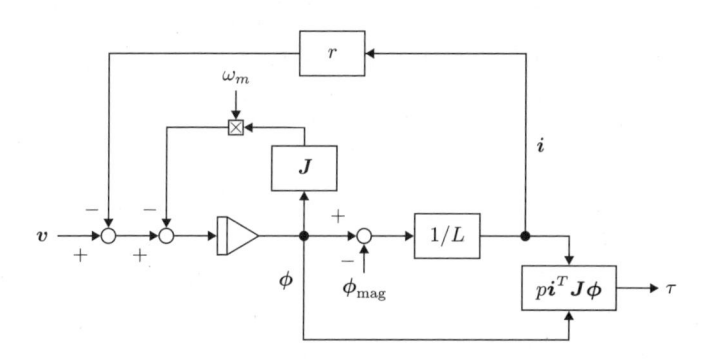

図6.10　円筒形永久磁石同期モータの回転子座標モデル

に対して電気角で90°（図の回転子は4極であるので機械角で45°）の方向がq軸である．永久磁石の外部起磁力に対する透磁率はほとんど空気と変わらないため，外部起磁力に対して永久磁石はエアギャップと等価である．そのため，d軸方向に起磁力を与えても，それによって生ずる磁束は小さく，結果としてd軸インダクタンスは小さくなる．一方，q軸方向に起磁力を与えた場合には，それによって生ずる磁束は永久磁石を通過しないため，d軸に比べて磁束が通りやすい．その結果，内部永久磁石（IPM）同期モータは，$L_d < L_q$の突極性を有することとなる．このような突極性は，$L_d > L_q$の突極性を有する一般の同期機とは反対であるので，**逆突極性**と呼ばれることもある．

回転子座標で表した内部永久磁石同期モータの電圧電流方程式とトルク方程式は，

$$\bm{v} = r\bm{i} + \frac{\mathrm{d}}{\mathrm{d}t}\bm{\phi} + \bm{J}\omega\bm{\phi} \tag{6.20}$$

$$\bm{\phi} = \bm{L}\bm{i} + \bm{\phi}_{\mathrm{mag}} \tag{6.21}$$

$$\tau = p\bm{i}^T\bm{J}\bm{\phi} = p\{i_q\phi_{\mathrm{mag}} + (L_d - L_q)i_d i_q\} \tag{6.22}$$

で与えられる．ここで，pは極対数であり，電機子電圧ベクトル$\bm{v}$，電機子電流ベクトル$\bm{i}$，電機子鎖交磁束ベクトル$\bm{\phi}$である．また，永久磁石による電機子鎖交磁束ベクトル$\bm{\phi}_{\mathrm{mag}}$は，円筒形の場合と同様である．しかし，式 (6.21) の$\bm{L}$は，スカラではなく

$$\bm{L} = \begin{bmatrix} L_d & 0 \\ 0 & L_q \end{bmatrix} \tag{6.23}$$

で与えられるインダクタンス行列である．このため，内部永久磁石同期モータは，永久磁石と電機子電流の相互作用で発生する**マグネットトルク**と，突極性に起因して発生する**リラクタンストルク**の両方を発生する．式 (6.22) のトルク方程式では，右辺第1項がマグネットトルクを表し，第2項がリラクタンストルクを表している．この2種類のトルクの特性を考えるために，電機子電流ベクトルを

$$\bm{i} = \begin{bmatrix} i_d \\ i_q \end{bmatrix} = I \begin{bmatrix} -\sin\varphi \\ \cos\varphi \end{bmatrix} \tag{6.24}$$

のように表し，電流ベクトルの大きさIと，q軸を基準にして進み方向を正とする位相角φで表現する．これを式 (6.22) のトルク方程式に代入すると，

$$\tau = p\left\{\phi_{\mathrm{mag}} I \cos\varphi - \frac{(L_d - L_q)}{2} I^2 \sin 2\varphi\right\} \tag{6.25}$$

が得られる．右辺第1項がマグネットトルクを，第2項がリラクタンストルクを表している．ここで，$L_d < L_q$ であることに注意する．マグネットトルクは電流振幅 I に比例し，位相 φ がゼロのとき最大となる．

一方，リラクタンストルクは電流振幅の2乗に比例し，位相 φ が45°で最大となる．このことは，電流振幅の増加に応じて電流位相を進ませることにより，2種類のトルクを有効に利用して効率改善ができることを示している．

内部永久磁石（IPM）同期モータの回転子座標モデルを図6.11に示す．基本的には円筒形永久磁石同期モータのモデルと同じ形であるが，インダクタンスの部分がスカラの逆数からインダクタンス行列の逆行列となっている．このモデルを用いることで，ある電圧ベクトルの入力に対して，どのように電流ベクトルあるいは鎖交磁束ベクトルが形成され，どのようにトルクが発生するかを解析あるいはシミュレーションすることができる．

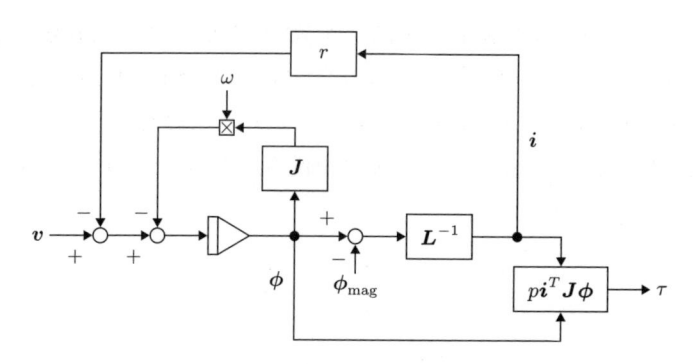

図6.11 内部永久磁石同期モータの回転子座標モデル

6.4　交流モータの高性能制御[3]

ベクトル制御が実用化される以前には，直流機が制御性の良いモータとして広く使用されていた．一方，商用電源に接続して使用する誘導機などの交流機は，単に一定速で回転する動力源として使用されてきた．しかし，直流機にはブラシ・整流子の摩耗に伴う保守点検が必要であること，整流に起因して製作容量に限界があることなどの問題点があった．1980年代後半から始まったベクトル制御の実用化によっ

て，交流機，特にかご形誘導機と永久磁石同期機は，完全ブラシレス構造でメンテナンスフリーであるだけでなく，制御性の良いモータであるとして，移動体を含むさまざまな分野に広く普及した．この背景には，(1) 座標変換や空間ベクトル理論などの浸透により，ベクトル制御の理論的理解が深まったこと，(2) パワートランジスタやIGBTなどのパワー半導体デバイスの特性改善に伴い，PWMインバータの小型・高性能化が進んだこと，(3) マイクロプロセッサやDSPなどの性能向上・低価格化により，制御性能が向上したこと，などの要因との相乗効果がある．以下では，かご形誘導モータと永久磁石同期モータのベクトル制御について説明する．

6.4.1 ベクトル制御の原理

直流機の原理図を図6.12に示す．固定子に巻かれた界磁巻線には直流の界磁電流 i_f が，回転子の電機子巻線にはブラシと整流子を介して電機子電流 i_a が，それぞれ供給されている．個々の電機子巻線には回転数で決まる周波数の交流電流が流れているが，ブラシと整流子の整流作用により，電機子巻線全体で作られる起磁力は界磁磁束に対して常に一定方向に向いている．すなわち，界磁電流の作る磁束 ϕ_f と電機子電流の角度とは，整流作用により90°に固定されている．このため，直流機の発

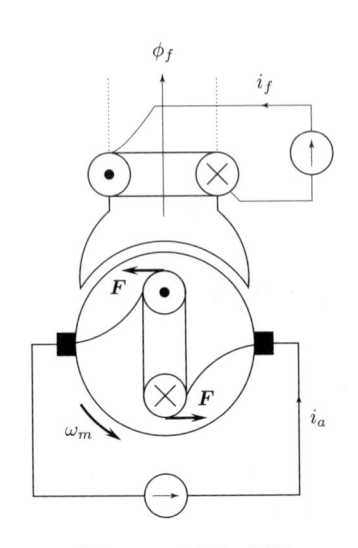

図6.12 直流機の原理

生する瞬時トルクは，次式で示される．

$$\tau = pMi_f \cdot i_a \tag{6.26}$$

ここで，pは極対数，Mは構造により定まる定数である．トルクの方向はフレミングの左手則から反時計方向になる．式(6.26)より，界磁電流を一定に保ち，電機子電流の瞬時値を制御することで，瞬時トルクを時間遅れなく制御できる．これが直流機の制御性が良い理由である．

　直流機においては，界磁電流i_fにより電機子に鎖交する磁束ϕ_fを制御するとともに，それと直交してトルクを発生する電機子電流i_aを直接制御して瞬時トルクの制御をすることができた．交流機についても，巻線に鎖交する磁束とそれに直交するトルク分電流を独立に制御できれば，瞬時トルクの制御が可能となる．これを実現したのが，交流機のベクトル制御である．

　直流機と交流機におけるベクトル図を図6.13に示す．(a)の直流機の場合には，界磁電流i_fとそれにより発生する界磁磁束ϕ_fのベクトルは，固定子座標上で静止しており，しかもブラシ・整流子の作用により，電機子電流i_aは常に直交関係が保たれている．そのため，直流機の瞬時トルクτは式(6.26)で簡単に表すことができた．(b)の交流機の場合には，固定子電流ベクトルはその角周波数ωで回転しているが，その回転座標上において直流機と同じ関係となるように励磁電流i_0とトルク分電流i_Tを制御すれば，瞬時トルクは直流機と同等に制御可能である．

　ベクトル制御された交流モータを図6.14に示す．ベクトル制御回路では，与えられたトルク指令に応じて瞬時トルクを出力できるように，PWMインバータの電圧指令を操作してモータの鎖交磁束とトルク分電流を制御する．したがって，ベクト

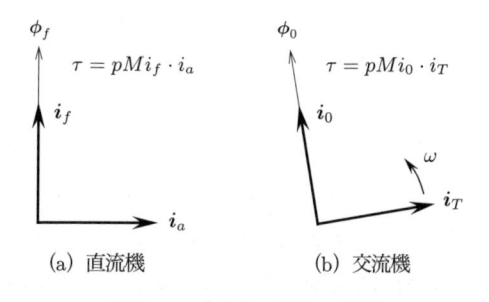

図6.13　ベクトル制御の原理

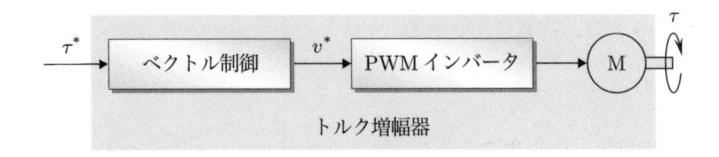

図6.14 ベクトル制御交流モータ

ル制御された交流モータは，一種のトルクアンプと考えることができる．実際には，この外側に速度制御系や位置制御系を構成して利用する場合が多い．以下では，交流機のベクトル制御の代表例として，かご形誘導モータと永久磁石同期モータの制御について説明する．

6.4.2 誘導モータのベクトル制御

式 (6.11) ～ (6.13) の $\gamma\delta$ 座標系で表した誘導モータについて再び考える．

(a) 二次磁束一定のベクトル制御

式 (6.11) より，二次側の電圧電流方程式だけを取り出すと，

$$\boldsymbol{0} = r_2 \boldsymbol{i}_2 + \frac{\mathrm{d}}{\mathrm{d}t}\boldsymbol{\phi}_2 + \boldsymbol{J}\omega_s\boldsymbol{\phi}_2 \tag{6.27}$$

となる．$\gamma\delta$ 座標は二次鎖交磁束ベクトル $\boldsymbol{\phi}_2$ と同じ回転角速度 ω_2 で回転しているので，$\gamma\delta$ 座標から観測した二次鎖交磁束ベクトル $\boldsymbol{\phi}_2$ は止まって見える．いま，二次鎖交磁束ベクトルの振幅は一定に保たれていると仮定すると，式 (6.27) の右辺第 2 項はゼロとなるので，

$$r_2 \boldsymbol{i}_2 = -\boldsymbol{J}\omega_s\boldsymbol{\phi}_2 \tag{6.28}$$

を得る．この式は，二次鎖交磁束ベクトル $\boldsymbol{\phi}_2$ と二次電流ベクトル $\boldsymbol{i}_2$ とが常に直交関係にあることを示している．一方，瞬時トルクは式 (6.13) に示すように二次鎖交磁束ベクトル $\boldsymbol{\phi}_2$ と二次電流ベクトル $\boldsymbol{i}_2$ の外積であり，二次鎖交磁束ベクトルの振幅は一定に保たれているので，二次電流の振幅を制御すれば誘導モータの瞬時トルクを制御可能である．しかし，かご形誘導モータの場合には，二次鎖交磁束ベクトルと二次電流ベクトルを直接検出して制御できないため，一次電流の制御により，これを達成する．

一次電流ベクトルをγ軸成分とδ軸成分の二つに分離する.

$$i_1 = i_{\gamma 1} + i_{\delta 1} \tag{6.29}$$

γ軸電流を二次鎖交磁束を与える励磁電流であるとすると，磁束と電流の関係により

$$\phi_2 = Mi_1 + L_2 i_2 = Mi_{\gamma 1} = Mi_0 \tag{6.30}$$

を得る．さらに，この式と式(6.29)を比較することにより，δ軸電流は

$$i_{\delta 1} = -\frac{L_2}{M} i_2 \tag{6.31}$$

となる．式(6.29)と式(6.30)をトルク方程式(6.13)に代入すると，

$$\tau = p\frac{M^2}{L_2} i_{\delta 1}^{\mathrm{T}} \boldsymbol{J} i_0 = p\frac{M^2}{L_2} \cdot i_0 \cdot i_{\delta 1} \tag{6.32}$$

となるので，一次電流の励磁分電流i_0を一定に保ち，トルク分電流$i_{\delta 1}$の振幅を制御することにより，瞬時トルクを制御可能である．図6.15に，一次電流ベクトルi_1，励磁分電流$i_{\gamma 1}$，そしてトルク分電流$i_{\delta 1}$の関係を示した．

実際の一次電流は固定子座標でのみ検出できる物理量なので，回転座標変換のために，固定子座標に対する二次磁束ベクトルの角度θ_2を求める必要がある．二次鎖交磁束ベクトルの固定子座標に対する回転角速度ω_2は，回転子角速度（電気角）$p\omega_m$と滑り角周波数ω_sの和である．すなわち，

$$\omega_2 = \omega_s + p\omega_m \tag{6.33}$$

である．一方，滑り角周波数ω_sは，式(6.28)の関係より次式で求められる．

$$\omega_s = \frac{r_2}{L_2 i_{\gamma 1}} i_{\delta 1} \tag{6.34}$$

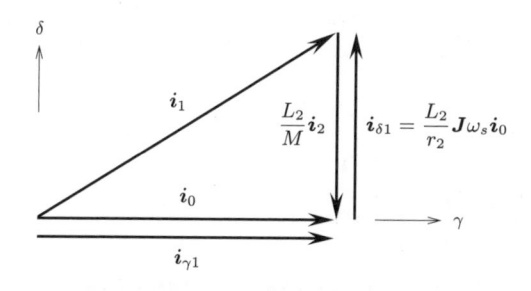

図6.15 一次電流ベクトル

これより，滑り角周波数 ω_s はトルク分電流 $i_{\delta 1}$ に比例する．以上より，式 (6.34) で滑り角周波数 ω_s を演算し，速度センサで回転子角速度 ω_m を検出すれば，それらの和から二次鎖交磁束ベクトルの回転角速度 ω_2 が求められる．さらに，その積分が固定子座標に対する二次磁束ベクトルの角度 θ_2 になる．

$$\theta_2 = \int \omega_2 dt \tag{6.35}$$

この角度を得ることにより，固定子座標（$\alpha\beta$ 座標）と磁束座標（$\gamma\delta$ 座標）との回転座標変換が可能である．

二次磁束一定のベクトル制御システムのブロック線図を図 6.16 に示す．このシステムでは，磁束分電流は一定であると仮定し，指令値 $i_{\gamma 1}^*$ として与えた．式 (6.32) により，瞬時トルクはトルク分電流に比例するので，トルク指令 τ^* に対してトルク分電流指令 $i_{\delta 1}^*$ を演算する．二次磁束座標上の磁束分とトルク分電流指令値は，回転座標変換により固定子座標上の 2 相電流指令値 i_α^*，i_β^* に変換され，さらに 2 相/3 相変換により 3 相電流指令値 i_u^*，i_v^*，i_w^* に変換される．電流制御形電力変換器では，制御回路により与えられた電流指令値と同じ電流をモータの一次巻線に流すように制御される．

一方，式 (6.33)，(6.34) より，トルク分電流指令 $i_{\delta 1}^*$ から滑り角周波数指令 ω_s^* を演算し，さらにモータ回転軸に取り付けた速度検出器により検出した回転子角速度 $p\omega_m$ を加え，二次鎖交磁束ベクトルの回転角速度を演算する．これを積分することにより，二次鎖交磁束ベクトルの固定子座標に対する角度を演算して，回転座標変

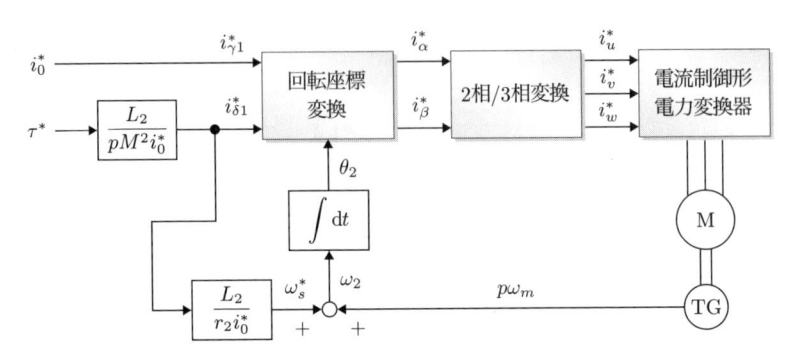

図 6.16 二次磁束一定のベクトル制御システム

換に使用する.

図6.17に，電流制御形電力変換器の構成を示す．電力変換器としては電圧形インバータを用いるのが一般的である．電流制御形電力変換器では，与えられた各相の電流指令値に対して実際の出力電流を検出し，それをフィードバックしてその誤差がゼロとなるようにインバータのスイッチングを制御する．電流制御の方法としては，瞬時値比較によりスイッチングを決定しPWM制御する方法（ヒステリシスコンパレータ方式など）と，キャリア周期ごとにスイッチングを決定する方法（三角波正弦波比較方式や空間ベクトル変調など）がある．前者は電流制御の応答性が高いが，スイッチング周波数が運転状態によって変化するという欠点がある．一方，後者はスイッチング周波数は一定となり，マイクロプロセッサを用いた制御に適する反面，電流の応答は電流制御の制御法や制御ゲインなどに大きく依存する．インバータの出力電流は交流であるため，制御遅れは電流振幅の誤差や位相遅れとなって現れ，周波数の増加に伴う位相遅れは，出力トルクの定常的な低下の原因となる．

電流制御の定常特性を改善する電流制御法を図6.18に示す．ここでは，三角波正弦波比較形や空間ベクトル変調などの電圧指令を入力とするPWM制御法を仮定した．定常状態では，インバータ出力電流の周波数はインバータの出力周波数に一致する．そのため，インバータの出力電流ベクトルを検出し，インバータの角周波数と同じ角速度で回転する回転座標上で観測すると，電流ベクトルは止まって見え，その各成分は直流量となる．このことより，回転座標上において指令値とフィードバッ

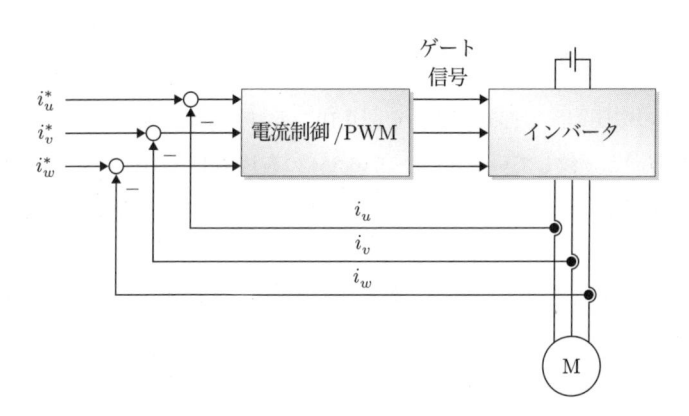

図6.17 電流制御形電力変換器

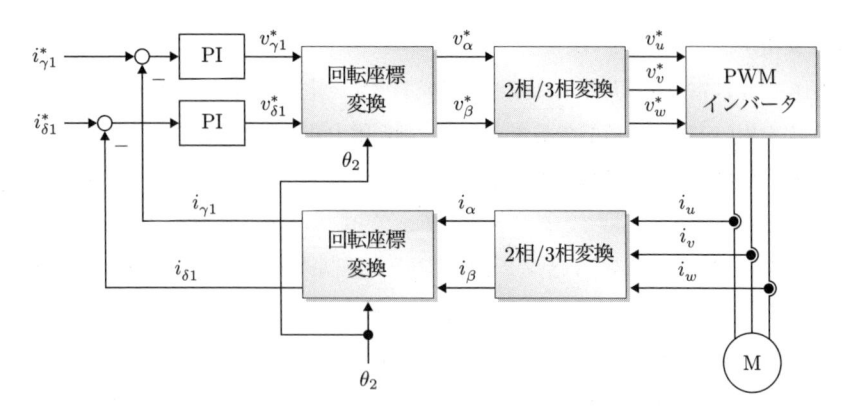

図6.18　電流制御における定常特性の改善

ク値を比較して比例積分（PI）制御すれば，積分動作により定常偏差はなくなるので，その結果としてインバータの出力電流の振幅誤差と位相誤差をなくすことができる．

　また，速度起電力の項は電流制御系にとっては外乱となる．このため，速度起電力をモータ定数と電流指令値を用いてあらかじめ計算し，フィードフォワード補償して電流制御の応答性を改善する方法も用いられている．

(b) 二次磁束可変のベクトル制御

　式 (6.11) から二次側の電圧電流方程式だけを取り出すと，

$$\mathbf{0} = r_2 \mathbf{i}_2 + \frac{\mathrm{d}}{\mathrm{d}t}\boldsymbol{\phi}_2 + \mathbf{J}\omega_s \boldsymbol{\phi}_2 \tag{6.36}$$

となる．この電圧電流方程式の関係を図 6.19 に示す．γ 軸は常に二次鎖交磁束ベクトル $\boldsymbol{\phi}_2$ の方向と一致しているため，式 (6.36) の右辺第1項の微分ベクトルもまた γ 軸に向いている．一方，第3項はベクトルを反時計方向に 90° 回転させる行列 $\mathbf{J}$ を左から掛けているので，δ 軸方向を向いている．したがって，式 (6.36) の右辺の3項の総和がゼロになることより，電圧電流方程式の各項は，図 6.19 に示すような直角三角形の関係になる．

　式 (6.13) より，瞬時トルクは

$$\tau = p\boldsymbol{\phi}_2^T \mathbf{J} \mathbf{i}_2 = p\frac{M^2}{L_2}\mathbf{i}_{\delta 1}^T \mathbf{J} \mathbf{i}_0 = p\frac{M^2}{L_2}i_{\delta 1}i_0 \tag{6.37}$$

$$r_2 i_2 \quad\quad J\omega_s \phi_2 = r_2 \frac{M}{L_2} i_{\delta 1}$$

$$\frac{\mathrm{d}}{\mathrm{d}t}\phi_2$$

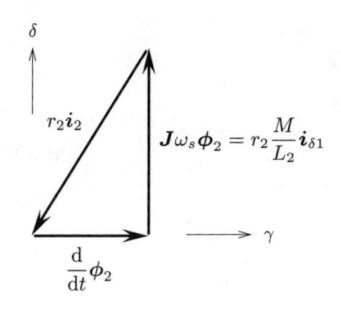

図 6.19　二次電圧

となる．ここで，

$$\phi_2 = M i_0 \tag{6.38}$$

であり，励磁電流 i_0 に対して δ 軸の一次電流を制御することで，瞬時トルクが制御可能である．

磁束可変の場合の一次電流ベクトルの関係を図 6.20 に示す．右側の直角三角形は，図 6.19 の直角三角形と相似である．この関係より，磁束可変のベクトル制御システムを構成する．二次磁束可変のベクトル制御システムを図 6.21 に示す．基本的には図 6.16 の二次磁束一定のベクトル制御と同じであるが，γ 軸電流の演算部分に微分演算が追加されたことと，i_0^* が定数ではなく変数として取り扱われていることが異なっている．

二次磁束の変更は，界磁弱め制御のために行われる．モータ端子電圧は二次磁束の大きさと回転数の積に比例するため，二次磁束一定の状態でモータ端子電圧がイ

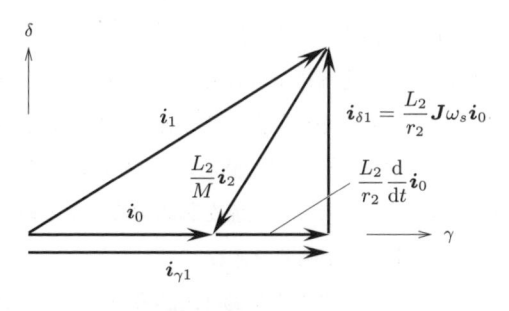

図 6.20　一次電流

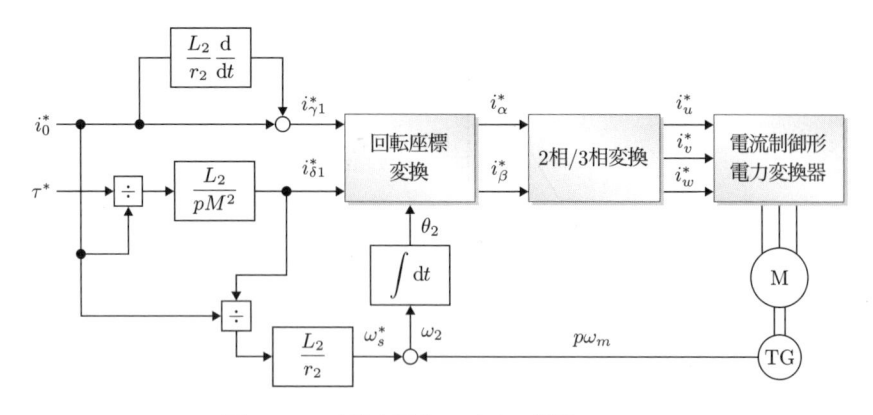

図6.21 二次磁束可変のベクトル制御システム

ンバータの電圧上限に達する基底速度以上の回転数では，回転数に反比例して励磁転流を変化させ，モータ端子電圧をインバータの最大電圧の範囲内に抑制する．

6.4.3 円筒形永久磁石同期モータのベクトル制御

式(6.16)～(6.18)の回転子座標系で表した円筒形永久磁石同期モータについて再び考える．式(6.18)のトルク方程式は，トルクは永久磁石による磁束ϕ_{mag}とq軸電流i_qの積で決まることを示している．すなわち，トルクに寄与しないd軸電流を流すことは，銅損を増加させるだけで，効率を低下させる．このため，円筒形永久磁石同期モータの瞬時トルクを制御するためには，d軸電流をゼロとし，q軸電流を制御すればよい．

円筒形永久磁石同期モータのベクトル制御システムを図6.22に示す．d軸電流指令i_d^*は常にゼロとし，トルク指令τ^*に比例するq軸電流指令i_q^*を与えている．この二つの電流指令は回転座標上の電流指令なので，回転軸に取り付けた位置検出器で検出した回転子位置を用いて回転座標変換することにより，固定子座標上の電流指令i_α^*，i_β^*に変換する．さらに，2相/3相変換により3相電流指令i_u^*，i_v^*，i_w^*に変換し，電流制御形電力変換器によりモータ電流を制御する．この結果として，円筒形永久磁石同期モータの瞬時トルクが制御できる．

円筒形永久磁石同期モータのベクトル制御は，誘導モータのベクトル制御に比べ

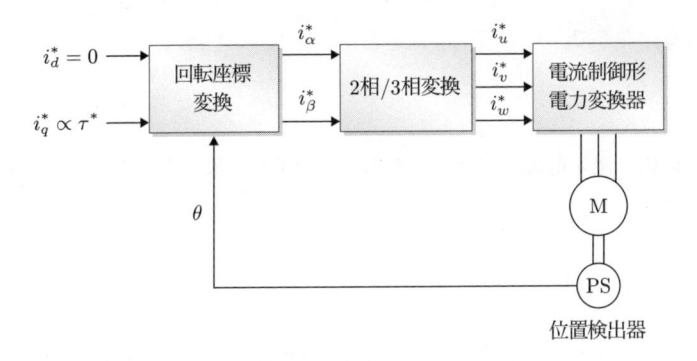

図6.22 円筒形永久磁石同期モータのベクトル制御システム

て非常にシンプルである．これは，誘導モータの磁束が一次巻線の励磁電流により供給されているのに対して，永久磁石は磁束を供給して電機子巻線に励磁電流を流す必要がないことに起因する．また，d軸電流をゼロとし，q電流を直流モータの電機子電流と関連づけると，円筒形永久磁石同期モータと永久磁石界磁の直流モータとの電圧・電流，磁束，トルクの関係はまったく同じになる．このことから，直流モータのブラシ・整流子は，機械的な接触と整流子片間の整流作用を利用して，各電機子巻線に流れている交流電流を回転座標変換していると考えられる．逆に，同期モータのベクトル制御における回転座標変換とインバータは，直流モータの機械的ブラシ・整流子の役割を電気的に果しているとも考えられる．

6.4.4 内部永久磁石同期モータのベクトル制御

式 (6.20) ～ (6.22) の回転子座標系で表した円筒形永久磁石同期モータについて再び考える．6.3.2項 (c) で述べたように，内部永久磁石同期モータではマグネットトルクだけでなくリラクタンストルクが利用できるため，トルク指令に応じて適切に d 軸電流を流すことで，モータ効率の改善が可能となる．このとき同じ振幅の電流で最大のトルクが発生するので，このような制御を**最大トルク制御**と呼んでいる．

(a) 最大トルク制御

電流ベクトルの大きさ I と電流進み角 φ を用いてトルク方程式を表現すると，

$$\tau = p(\phi_{\mathrm{mag}} I \cos\varphi - L_1 I^2 \sin 2\varphi) \tag{6.39}$$

が得られる．ここで，

$$L_1 = \frac{L_d - L_q}{2}$$

である．振幅一定の電流，すなわち銅損一定の条件で最大のトルクを発生する最適電流進み角 φ_{opt} は，

$$\varphi_{\mathrm{opt}} = \sin^{-1} \frac{\phi_{\mathrm{mag}} - \sqrt{\phi_{\mathrm{mag}}^2 + 32L_1^2 I^2}}{8L_1 I} \tag{6.40}$$

で与えられる．さらに，式 (6.39) と式 (6.40) はそれぞれつぎのように簡略化できる．

$$\bar{\tau} = \bar{I} \cos\varphi + \bar{I}^2 \sin 2\varphi \tag{6.41}$$

$$\varphi_{\mathrm{opt}} = \sin^{-1} \frac{\sqrt{1 + 32\bar{I}^2} - 1}{8\bar{I}} \tag{6.42}$$

ここで，内部永久磁石同期モータでは，L_1 は負の値（逆突極性）を持つため，$\bar{I}$ と $\bar{\tau}$ を

$$\bar{I} = -\frac{L_1 I}{\phi_{\mathrm{mag}}} \tag{6.43}$$

$$\bar{\tau} = -\frac{L_1}{\phi_{\mathrm{mag}}^2} \frac{\tau}{p} \tag{6.44}$$

と定義する．$\bar{I}$ と $\bar{\tau}$ とは無次元数であり，$\bar{I}$ はリラクタンス成分のインダクタンス L_1 が磁石界磁と同じ磁束を作る電流を基準に規格化したものである．したがって，一般の単位法とは異なり，$\bar{I}=1$ は定格電流を意味していないことに注意する．このように規格化することにより，さまざまな容量，定数の内部永久磁石同期モータの特性計算が式 (6.41)，(6.42) を用いて行える．

式 (6.41) をさらに $\bar{I}$ で割ると，

$$\frac{\bar{\tau}}{\bar{I}} = \cos\varphi_{\mathrm{opt}} + \bar{I} \sin 2\varphi_{\mathrm{opt}} \tag{6.45}$$

となる．ここで $\bar{\tau}/\bar{I}$ は，$\varphi=0$，すなわち $i_d=0$ で同じ大きさの電流を流したときに発生するマグネットトルクに対する最大トルクの比を表している．

内部永久磁石同期モータを最大トルク制御した場合の特性を図 6.23 に示す．横軸は規格化した電流 $\bar{I}$ である．電流と $\bar{I}$ の関係は，式 (6.43) よりモータ定数 L_1 と ϕ_{mag} によって決まる．電流が同じでも突極比（L_q/L_d）が大きくなるにつれて，$\bar{I}$ も大き

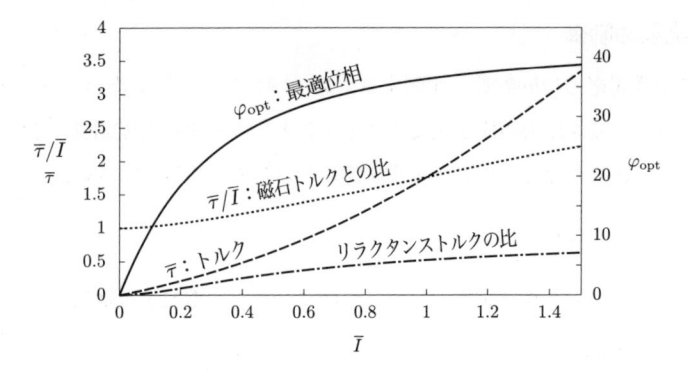

図6.23 内部永久磁石同期モータの最大トルク制御時の特性

くなる．$\bar{I} = 0.5$ のときは $\varphi_{\mathrm{opt}} = 30°$ となり，マグネットトルクだけの場合よりも約30%トルクが増加する．また，$\bar{I} = 0.9$ のときは $\varphi_{\mathrm{opt}} = 35.6°$ となり，マグネットトルクだけの場合よりも約66%トルクが増加する．$\bar{I}$ が0.9よりも大きくなると，全体のトルクに対するリラクタンストルクの比率が50%を超え，マグネットトルクよりもリラクタンストルクが支配的になる．

最大トルク制御を行った場合の電流ベクトルの軌跡を図6.24に示す．最大トルク制御を行うためには，トルク指令 τ^* に対して指令値と同じ大きさのトルクを出力可能で，かつ効率が最大となる電流振幅指令 I^* と，位相指令 φ^* あるいは d_q 軸電流指令 i_d^*，i_q^* を演算し，電流制御を行えばよい．電流指令の演算には，L_d，L_q，ϕ_{mag} などのモータ定数が必要である．

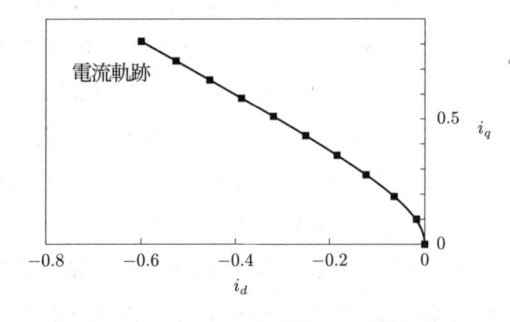

図6.24 最大トルク制御時の電流軌跡

(b) 界磁弱め制御

モータ誘導起電力は回転数に比例するため，回転数の上昇に伴いモータ端子電圧がインバータの最大出力電圧を超えようとすると，モータの電流制御が不能になり，正常に運転できなくなる．いま，定常状態におけるモータ端子電圧は，

$$\boldsymbol{v} = r\boldsymbol{i} + \boldsymbol{J}\omega_m\boldsymbol{\phi} \tag{6.46}$$

で与えられる．最大トルク制御の場合と同様に，モータ電流を規格化する．

$$\bar{\boldsymbol{i}} = -\frac{L_1}{\phi_{\mathrm{mag}}}\boldsymbol{i} \tag{6.47}$$

また，モータ端子電圧は無負荷誘導起電力 $\omega_m\phi_{\mathrm{mag}}$ で規格化する．

$$\bar{\boldsymbol{v}} = \frac{1}{\omega_m\phi_{\mathrm{mag}}}\boldsymbol{v} \tag{6.48}$$

このように電圧・電流を規格化することにより，定常状態のモータ端子電圧は，

$$\bar{\boldsymbol{v}} = \bar{r}\bar{\boldsymbol{i}} + \boldsymbol{J}\left(\overline{\boldsymbol{L}} + 1\right) \tag{6.49}$$

のように簡単化できる．ここで，$\bar{r}$ と $\overline{\boldsymbol{L}}$ は

$$\bar{r} = -\frac{r}{\omega_m L_1} \tag{6.50}$$

$$\overline{\boldsymbol{L}} = -\frac{\boldsymbol{L}}{L_1} = \begin{bmatrix} \frac{2L_d}{L_q - L_d} & 0 \\ 0 & \frac{2L_q}{L_q - L_d} \end{bmatrix} \tag{6.51}$$

であり，どちらも無次元の変数である．$\bar{r}$ は，回転数 ω_m に反比例する点に注意する．

規格化した端子電圧ベクトルの軌跡を図 6.25 に示す．点 A は無負荷誘導起電力を表す．電機子電流を流すと，抵抗成分と同期インダクタンスの電圧降下により，モータ端子電圧ベクトルが変化する．図中の楕円（点線）は，規格化した電流 $\bar{i}$ の振幅を一定に保ち，電流の位相を変化させた場合のモータ端子電圧を表している．d 軸インダクタンスに比べて q 軸インダクタンスが大きいので，横長の楕円形となっている．この楕円の大きさは，モータ電流の振幅が増大するのにつれて大きくなる．また，曲線 AB は最大トルク制御を行った場合の端子電圧ベクトル軌跡を表している．一方，原点を中心とする円（実線）は，インバータの最大出力電圧を表す．無負荷誘導起電力で規格化しているので，インバータの最大出力電圧が一定値であっても，この電圧円は回転数に応じて大きさが変化する．回転数が高いほど円の直径は小さくなる．

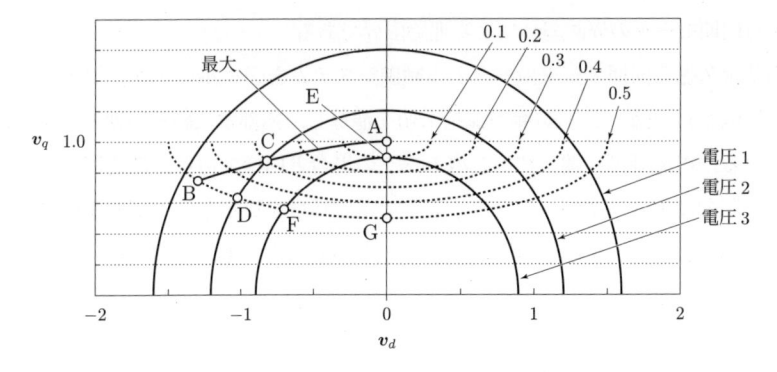

図6.25 内部永久磁石同期モータの端子電圧軌跡

　回転数が十分低く，電圧円が大きい場合（電圧1）には，最大トルク制御を行うすべての電流範囲において，端子電圧軌跡は電圧円の内側に存在する．このため，インバータの最大出力電圧の制限を受けることなく，最大トルク制御によってモータのトルクを制御することができる．

　回転数が高くなると（電圧2），トルクが大きくなるにつれて点Cで最大トルク制御時のモータ端子電圧がインバータの最大出力電圧を超えるようになる．このため，さらに大きなトルクを出力しようとすると，電流制御が行えなくなる．これを回避するためには，端子電圧ベクトルの軌跡が電圧円上をたどるように電流ベクトルを制御すればよい．したがって，この回転数においては，トルクの増大に伴って端子電圧ベクトルがACDの軌跡をたどるように電流ベクトルを制御する．ここで，点Dと点Bの電流振幅は同じであるが，最大トルクとなっている点Bに対して点Dのトルクは小さい．

　さらに回転数が高くなると（電圧3），無負荷誘導起電力が最大出力電圧よりも大きくなる．この場合には，トルクがゼロの状態においても，点Eに示すように負方向のd軸電流を流して端子電圧ベクトルを最大出力電圧に保つ必要がある．トルクの増加に応じて，端子電圧がEFの軌跡をたどるように電流ベクトルを制御する．点Fのトルクは点Dからさらに低下している．

　最後に，電圧円の半径が点Gと等しくなったときは，トルクがゼロの状態でやっと端子電圧を最大出力電圧に維持することができる．しかし，これ以上電流を流すことができないためにトルクを発生させることができない．この回転数が，内部永

久磁石同期モータの界磁弱めによる理論限界である．

内部永久磁石同期モータのベクトル制御システムを図6.26に示す．最大トルク制御と界磁弱め制御によりdq軸電流指令値を演算し，内部永久磁石同期モータを駆動している．電流制御に関しては誘導モータの場合と同様である．低速領域では最大トルク制御により効率が最大となるように電流指令を決定し，中高速領域では界磁弱め制御によりモータ端子電圧がインバータの最大出力電圧を超えないように電流指令を決定している．

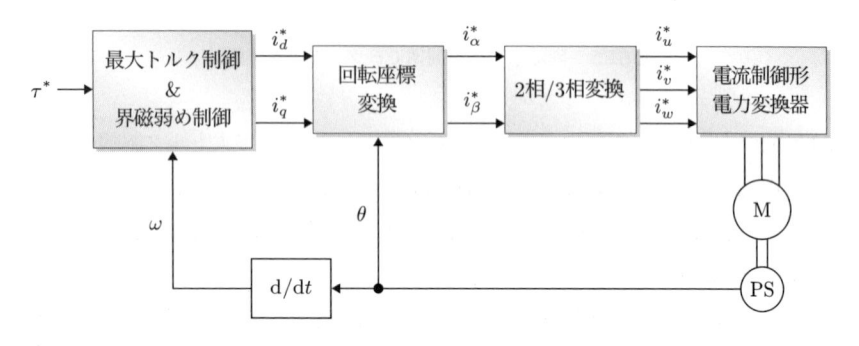

図6.26 内部永久磁石同期モータのベクトル制御システム

6.5 センサレスドライブ[4]

前節で述べた交流モータの高性能制御においては，モータ回転子の位置や速度の情報は，回転子に機械的に取り付けられた位置・速度検出器などのセンサを用いて計測されていた．しかし，このようなセンサは精密な電子機械であるため，高温や特殊な雰囲気などに対する耐環境性，故障や信号線の断線などに伴う信頼性，センサを取り付けるためのスペースとコストなどの問題がある．これらの問題を解決するために，位置や速度センサを用いずに交流モータの高性能制御を実現するセンサレスドライブが研究開発されている．これは，モータの電圧電流の情報から，モータの数学モデルに基づいて位置や速度を推定し，交流モータの制御を行うものである．以下では，永久磁石同期モータを例に，センサレスドライブの種類と原理について述べる．

6.5.1 120°通電方式

120°通電電圧形インバータで駆動した永久磁石同期モータの主回路構成を図6.27に，モータの逆起電力と電流の関係を図6.28に示す．120°通電電圧形インバータでは，逆起電力の最大の相から最小の相に電流を流し，残りの相には電流を流さない．

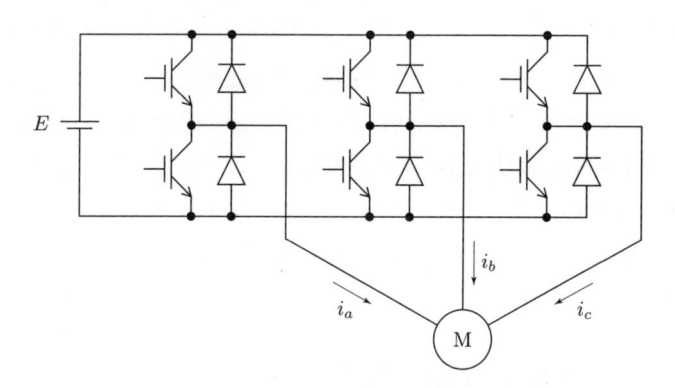

図6.27 ブラシレスDCモータ（120°通電）

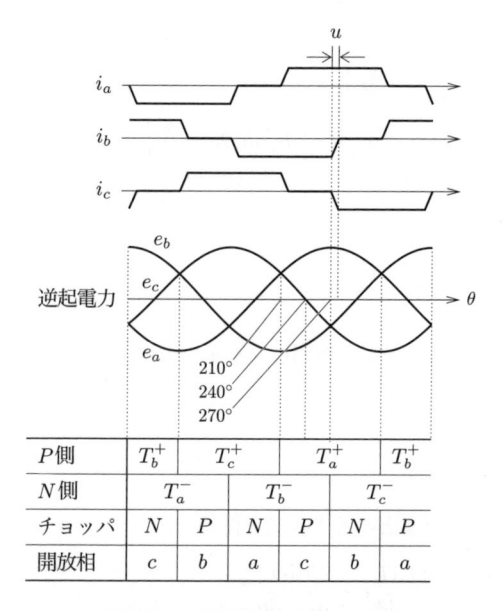

P側	T_b^+	T_c^+		T_a^+		T_b^+
N側	T_a^-		T_b^-		T_c^-	
チョッパ	N	P	N	P	N	P
開放相	c	b	a	c	b	a

図6.28 逆起電力と電流の関係

したがって，各相の電流は120°の期間は正方向に，120°の期間は負方向に電流が流れ，残りの60°×2の期間は電流の流れない開放相になる．この動作は整流子片数が3の直流モータと等価であることから，120°通電電圧形インバータを用いる永久磁石同期モータの駆動システムはブラシレスDCモータと呼ばれている．

ブラシレスDCモータにおいてセンサレス位置推定を行うためには，電流の流れていない開放相を利用する．すなわち，この開放相の巻線をセンサとして利用する．開放相巻線には，モータ内の永久磁石の回転により逆起電力が発生しているので，逆起電力から磁束の位置，すなわち回転子の位置を直接推定できる．実際には，モータの巻線中性点は外部に出ていないのが普通なので，導通相のスイッチングの影響を取り除く必要はあるが，比較的簡単に回転子位置が推定可能である．ただし，逆起電力の振幅は回転数に比例するので，逆起電力が小さいモータの停止時や低速回転時にセンサレス駆動をするのは難しい．

6.5.2　正弦波駆動（180°通電）方式

固定子座標で表した永久磁石同期モータの電圧電流方程式は，

$$\begin{bmatrix} v_\alpha \\ v_\beta \end{bmatrix} = r \begin{bmatrix} i_\alpha \\ i_\beta \end{bmatrix} + \frac{d}{dt}\begin{bmatrix} \phi_\alpha \\ \phi_\beta \end{bmatrix} \tag{6.52}$$

$$\begin{bmatrix} \phi_\alpha \\ \phi_\beta \end{bmatrix} = \begin{bmatrix} L_0 + L_1 \cos 2\theta & L_1 \sin 2\theta \\ L_1 \sin 2\theta & L_0 - L_1 \cos 2\theta \end{bmatrix}\begin{bmatrix} i_\alpha \\ i_\beta \end{bmatrix} + \begin{bmatrix} \phi_{\mathrm{mag}} \cos \theta \\ \phi_{\mathrm{mag}} \sin \theta \end{bmatrix} \tag{6.53}$$

で与えられる．ここで，

$$L_0 = \frac{L_d + L_q}{2}, \quad L_1 = \frac{L_d - L_q}{2} \tag{6.54}$$

である．式(6.52)，(6.53)を瞬時空間ベクトルで表現すると，

$$\boldsymbol{v} = r\boldsymbol{i} + \frac{d\boldsymbol{\phi}}{dt} \tag{6.55}$$

$$\boldsymbol{\phi} = \boldsymbol{L}\boldsymbol{i} + \boldsymbol{\phi}_{\mathrm{mag}} \tag{6.56}$$

となり，さらにこれらをまとめると次式を得る．

$$\boldsymbol{v} = r\boldsymbol{i} + \boldsymbol{L}\frac{d\boldsymbol{i}}{dt} + \frac{d\theta}{dt}\frac{d\boldsymbol{L}}{d\theta}\boldsymbol{i} + \frac{d\theta}{dt}\frac{d\boldsymbol{\phi}_{\mathrm{mag}}}{d\theta} \tag{6.57}$$

この電圧電流方程式から回転子位置θを推定する方法として，速度起電力に基づくものと突極性に基づくものの2種類がある．前者は式(6.57)右辺第4項に，後者は右辺第2項に基づく方法である．

(a) 速度起電力に基づく方法

速度起電力に基づく方法は，120°通電方式の場合と同様に，永久磁石の磁束により発生する速度起電力の位相から回転子位置を推定するものである．正弦波駆動(180°通電)方式では，端子電圧には式(6.57)右辺第4項に示した永久磁石の速度起電力だけでなく，他の成分も同時に現れるため，モータ定数と電圧電流から演算により推定しなければならない．

オブザーバ(状態観測器)を用いた速度起電力に基づく位置推定法のブロック線図を図6.29に示す．図中の「変換器&モータ」のブロックが実際のPWMインバータで駆動されるモータである．ここでは，電圧ベクトルvが入力として印加され，その結果，電流ベクトルiを出力として得ている．制御回路内には，実際の「変換器&モータ」と同じ構造の「モデル」を構築し，同じ電圧ベクトルvを「モデル」に与え，電流ベクトルの推定値$\hat{i}$を出力として得る．「モデル」の中では，推定位置$\hat{\theta}$の情報を用いて推定電流ベクトル$\hat{i}$を演算している．このため，実際の電流ベクトルiと推定電流ベクトル$\hat{i}$との間に誤差が生じた場合には，その原因は推定位置$\hat{\theta}$が間違っているためと考えられるので，誤差が減少するように推定位置$\hat{\theta}$を修正する．このような動作が繰り返され，常に電流ベクトルiと推定電流ベクトル$\hat{i}$とが一致したならば，

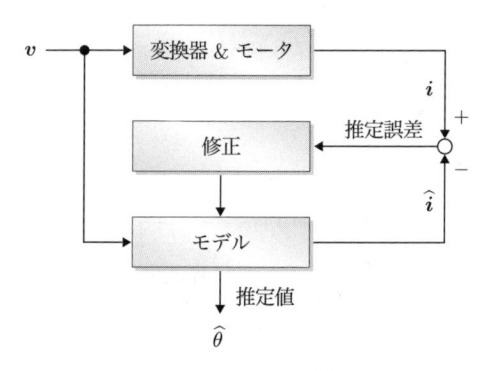

図6.29 オブザーバを用いる方法

推定位置 $\hat{\theta}$ と実際の位置 θ とは一致する.

ここで使用する「モデル」は，式 (6.57) に基づいて構築されるため，位置推定の主な情報源は逆起電力である．このため，停止時や低速時には位置推定を行うことは困難である．

(b) 突極性に基づく方法

停止時や低速時にも位置推定が行えるように，内部永久磁石同期モータの突極性に基づく位置推定法が考案されている．一般に，内部永久磁石同期モータは d 軸インダクタンスが q 軸インダクタンスより小さい逆突極性を有していることから，インダクタンスの最も大きい方向，あるいは最も小さい方向を推定すれば，回転子位置が推定可能である．インダクタンスと電圧電流の関係は，式 (6.57) の右辺第 2 項に相当する．しかし，電圧電流の基本波成分については，式 (6.57) の他の項の基本波成分と区別ができないため，インダクタンスの最大・最小方向を推定するために，基本波とは別の周波数の推定用信号を印加する必要がある．

突極性に基づく位置推定法のブロック線図を図 6.30 に示す．図では，推定用信号として，高周波の正弦波信号あるいはパルス信号が，電圧指令に用いられている．PWM の高調波を推定用信号として用いる方法もある．この推定用電圧信号により電流の変化が現れるため，フィルタなどを用いて推定用信号の成分だけを抽出する．この抽出した信号は主に式 (6.57) の右辺第 2 項により発生するので，この信号を用いて位置を推定することができる．

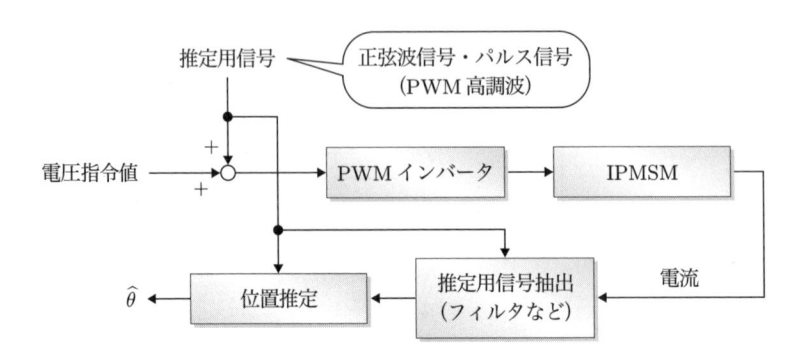

図 6.30 突極性に基づく方法

突極性に基づく方法では，インダクタンスが最大・最小の方向は推定できるが，その方向が磁石のN極の方向であるかS極の方向であるかは，区別することができない．この極性を誤った場合にはトルクが逆転して正帰還となり，駆動システムが暴走するおそれがある．このため，突極性に基づく方法では，始動時に適切な方法で磁石の極性判別を行う必要がある．

6.6　モータの駆動回路[5]

移動体において，バッテリー蓄積した直流電力を用いて交流モータを駆動するには，電力変換器であるインバータが必要である．そこで，本節ではチョッパ回路からインバータまで，電力変換器の基礎について述べる．

6.6.1　チョッパ回路とPWM制御

降圧チョッパの主回路構成を図6.31に示す．スイッチングデバイスがON状態の場合には，高圧側電圧源から低圧側に向かってリアクトルを介して電流が流れる．このとき，チョッパの出力電圧はE_Hになる．スイッチングデバイスがOFF状態の場合には，それまでリアクトルに流れていた電流は，還流ダイオードを介して循環する．このときの出力電圧は，ダイオードがONしているのでゼロである．このON/FFを高速に繰り返すことで，高圧側電圧源から低圧側に電力を伝達する．

この電力を制御するために，図6.32のPWMが用いられる．スイッチングデバイスがONのとき出力電圧vはE_Hに，OFFのときゼロになるので，その平均出力電圧V_{av}は，

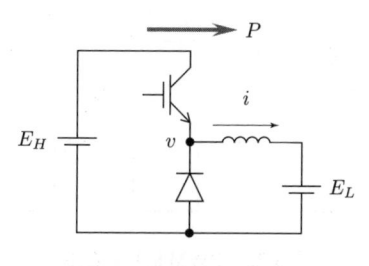

図6.31　降圧チョッパ

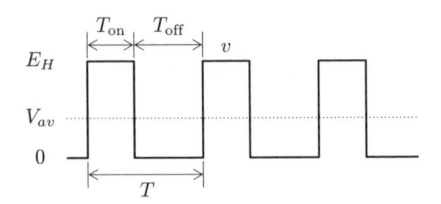

図6.32　パルス幅変調（PWM）

$$V_{av} = \frac{T_{on}}{T}E_H = DE_H \tag{6.58}$$

で与えられる．これより平均電圧は，スイッチング周期 T に対するスイッチングデバイスの ON 時間 T_{on} の比率と高圧側電圧 E_H の積に比例する．この時間比率 D をデューティ比といい，この時間比率を変化することで，平均出力電圧 V_{av} をゼロから E_H の範囲で自由に調整することができる．

　三角波比較方式のPWM信号の発生法を図6.33に示す．三角波と電圧指令 v^* を比較し，電圧指令 v^* のほうが大きい場合にはONに，三角波のほうが大きい場合にはOFFにすることにより，簡単にPWM信号を発生させることができる．図6.33では，電圧指令 v^* をスイッチング周期に対してゆっくり変化させることにより，パルス幅を変えている様子を示している．これにより，平均出力電圧を任意の波形に制御することができる．電圧指令 v^* が E_H となり三角波の振幅と等しくなるとデューティ比 D は 1 (= 100%) になるで，三角波の振幅を1と考えると，電圧指令をデューティ比指令と見なすこともできる．

　ディジタル制御を想定したPWM信号の発生を図6.34に示す．これは，三角波の

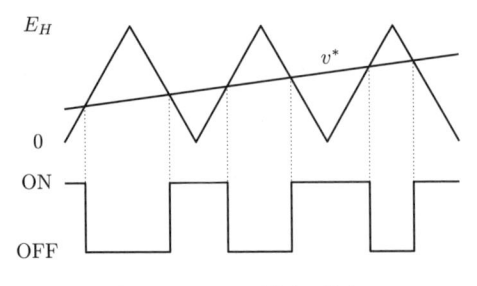

図6.33　PWM信号の発生

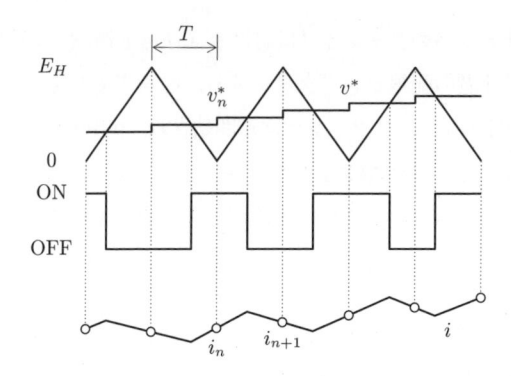

図 6.34 PWM制御と同期サンプリング

半周期をサンプリング周期Tとし，三角波の頂点の時刻をサンプリング時刻とする離散時間系として構成されている．実際の出力電圧は方形波状であるため，出力電流は図に示したような比較的大きなリプルを含んでいる．しかし，このようなサンプリング時刻に出力電流をサンプリングする，いわゆる**同期サンプリング**を行えば，フィルタを用いることなくリプルの影響を除去することができる．

6.6.2　スイッチングデバイスの損失

半導体電力変換器のスイッチングデバイスが理想スイッチであれば，損失はゼロとなるはずである．しかし，実際の変換器においては，主に**導通損失**と**スイッチング損失**が発生する．

導通損失とは，スイッチングデバイスがON状態のときに，デバイスに流れる電流とその端子間に現れるON電圧の積の形で現れる．図6.31の降圧チョッパの場合には，IGBTのON電圧をV_{CE}，ダイオードの順方向電圧をV_F，デューティ比をD，出力電流をIとすると，IGBTでは$V_{CE}ID$〔W〕，ダイオードでは$V_F I(1-D)$〔W〕の導通損失が発生する．この導通損失を低減するためには，できるだけON電圧が小さいスイッチングデバイスが望まれる．

スイッチング損失とは，スイッチングのたびに発生する損失であり，ONからOFFに変わる際の損失をターンオフ損失，OFFからONに変わる際の損失をターンオン損失という．このスイッチング損失は，スイッチング周波数に比例する．

図6.35に降圧チョッパのターンオフにおける (a) 主回路と (b) 電流波形を示す．主回路においては浮遊の配線インダクタンス ℓ_1, ℓ_2 を考慮している．負荷側に電流 I が流れている瞬間 ($t=0$) にターンオフが開始され，IGBTに流れる電流が図6.35(b) のように絞られて，時刻 Δt においてターンオフが完了したと仮定する．一般に負荷側は誘導性であるので，ここでは電流源として表している．この回路の閉路方程式は，

$$E_H = \ell_1 \frac{di_C}{dt} + v_{CE} - \ell_2 \frac{di_D}{dt} \tag{6.59}$$

で与えられる．IGBTのコレクタ電流 i_C とダイオードを流れる電流 i_D には，$I = i_C + i_D$ の関係があることを考慮して，IGBTのコレクタ・エミッタ間電圧 v_{CE} を求めると，

$$v_{CE} = E_H - (\ell_1 + \ell_2) \frac{di_C}{dt} = E_H - \ell \frac{di_C}{dt} \tag{6.60}$$

が得られる．IGBTで消費される瞬時電力 p_C〔W〕は

$$p_C = v_{CE} i_C = E_H i_C - \ell i_C \frac{di_C}{dt} = E_H i_C - \frac{d}{dt}\left(\frac{1}{2}\ell i_C^2\right) \tag{6.61}$$

であるので，1回のターンオフで消費されるエネルギー w_C〔J〕は

$$w_C = \int_0^{\Delta t} p_C dt = E_H \int_0^{\Delta t} i_C dt + \frac{1}{2}\ell I^2 \tag{6.62}$$

となる．この右辺第1項は，スイッチングの高速化を行い Δt を小さくすれば，スイッ

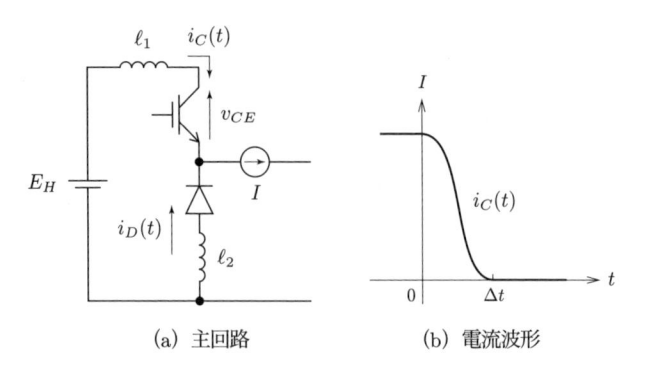

(a) 主回路　　　(b) 電流波形

図6.35　降圧チョッパのターンオフ損失

チングデバイスのターンオフ損失は小さくなることを示している．また，第2項は，電力変換器の実装技術がスイッチング損失に影響することを示している．

実際の変換器のターンオフ損失 P_{off}〔W〕は，w_C とスイッチング周波数 f_{sw} の積である．ここでは配線インダクタンスのみを考慮して説明したが，さらにデバイスの出力容量などの浮遊容量も考慮することで，より実際的なスイッチングの解析が可能である．ターンオン損失についても，同様の解析が可能である．移動体に用いる電力変換器は小型軽量化が強く望まれるため，変換器の損失を最小化すること，効果的に放熱することが非常に重要である．

6.6.3　降圧チョッパと昇圧チョッパ

DC/DC コンバータの主回路構成を図6.36に示す．(a) は図6.31に示した降圧チョッパであり，(b) は昇圧チョッパである．

昇圧チョッパでは，スイッチングデバイスがONのときリアクトル電流は増加し，OFFのときリアクトル電流はダイオードを介して高圧側電源に流れる．このようにして昇圧チョッパでは低圧側から高圧側に電力変換することができる．

降圧チョッパの電力は高圧側から低圧側への変換であるのに対して，昇圧チョッパでは逆に低圧側から高圧側への変換である点が異なっている．しかし，下側のデバイス（降圧チョッパではダイオード，昇圧チョッパではIGBT）がONの場合には，端子aの電位はどちらもゼロとなり，上側のデバイスがONの場合には E_H となるため，両者の回路動作は同じである．

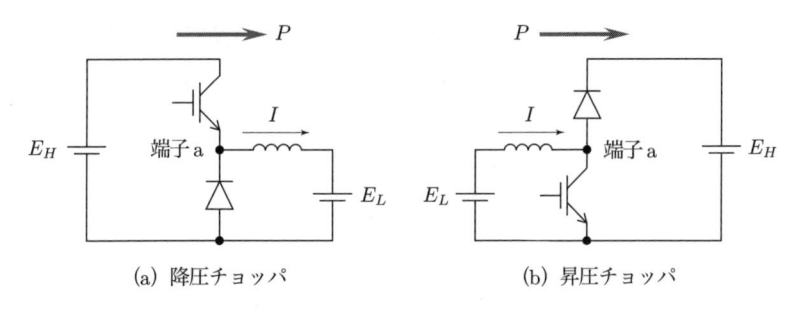

図6.36　DC/DC コンバータ

電力を高圧側から低圧側に，あるいは低圧側から高圧側に，どちらにも変換可能な可逆チョッパを図6.37に示す．この回路は，図6.36 (b) の昇圧チョッパ回路を左右に裏返して (a) の降圧チョッパ回路と重ねたものである．すなわち，上側のIGBTと下側のダイオードが降圧チョッパを構成し，下側のIGBTと上側のダイオードが昇圧チョッパを構成している．したがって，リアクトル電流Iが正の場合には，上側のIGBTをスイッチングして降圧チョッパとして動作することができ，リアクトル電流Iが負の場合には，下側のIGBTをスイッチングして昇圧チョッパとして動作することができる．

上下のIGBTを相補的にスイッチングすると，電流の極性に関係なく電力変換することが可能になる．すなわち，上側のIGBTをONにして下側をOFFにすると，電流極性に関係なく端子aの電位はE_Hになり，反対に，下側をONにして上側をOFFにすると，端子aの電位は電流極性に関係なくゼロになる．しかし，二つのデバイスに同時にスイッチング信号を与えた場合には，スイッチング時間内ではデバイスはONとOFFの過渡的な状態であるため，二つのデバイスを同時にONさせ，高圧側電源を短絡してデバイスが破損するおそれがある．これを防止するために，デバイスのスイッチング時間程度の期間には両方のデバイスにOFF信号を与える**デッドタイム**を挿入する．

デッドタイムを挿入した場合のゲート信号と出力電圧波形を図6.38に示す．一番上の波形が，出力したいデューティ比のPWM信号である．このPWM信号に対して上下のIGBTのゲート信号G_1，G_2は，デッドタイムt_dだけOFFからONになるのを遅らせて，直流短絡を防止している．しかし，出力電流Iが正の場合には上側のIGBTと下側のダイオードで構成された降圧チョッパとして動作するので，出力電圧

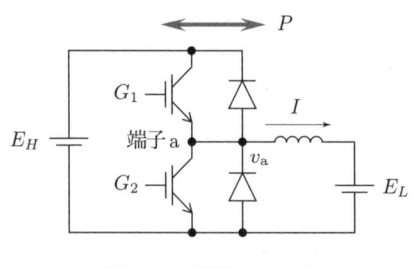

図6.37 可逆チョッパ

図6.38 デッドタイム

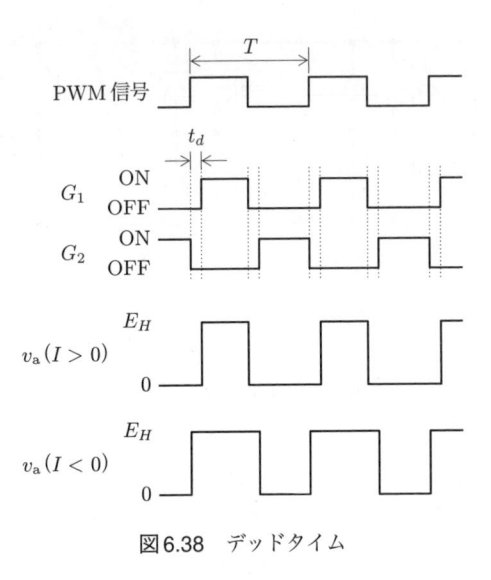

v_a の立ち上がりがデッドタイムだけ遅れて，平均出力電圧は低下する．同様に，出力電流 I が負の場合には昇圧チョッパとして動作するので，出力電圧 v_a の立ち下がりがデッドタイムだけ遅れて，平均出力電圧は上昇する．このため，スイッチング周期 T に対してデッドタイム t_d が無視できない場合には，出力電圧の適切な補償を行う必要がある．

6.6.4　3相電圧形PWMインバータ

3相電圧形PWMインバータの主回路構成を図6.39に示す．各相の主回路は，図6.37の可逆チョッパの回路と同一の構成であり，そのPWM制御についても可逆チョッパの場合と同様に行うことができる．しかし，可逆チョッパでは低圧側のマイナス側が高圧側のマイナス側と共通になっているのに対して，3相電圧形インバータの中性点は直流電源側とは接続されておらず，フローティングである．したがって，インバータのある1相から流出した電流は，他の2相に流れて再びインバータに戻り，また負荷電圧が線間電圧，すなわち2相の差電圧として供給されるので，線間には正負両極性の電圧を出力することが可能である．

図6.39では，基準電位を直流電圧の中点 O にとっているので，各相におけるPWM

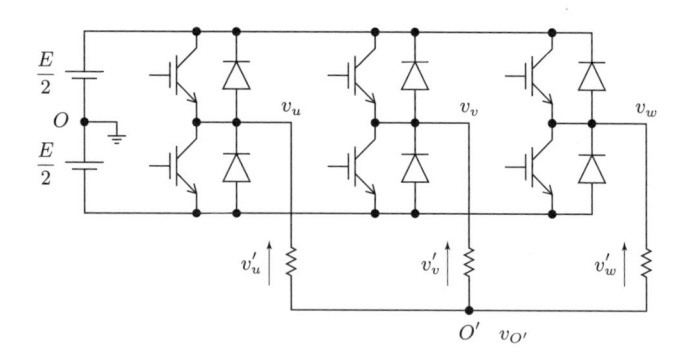

図6.39　3相電圧形インバータ

制御周期ごとの平均出力電圧 v_u, v_v, v_w は，$\pm E/2$ の範囲の任意の電圧を出力可能である．すなわち，相電圧はデューティ比が1の場合に $+E/2$ となり，0の場合には $-E/2$ となる．インバータ出力端子に3相交流電圧を発生させるには，各相の平均出力電圧を，図6.40に示すように 120° 位相の異なる正弦波状に制御するのが最も簡単である．

実際には，図6.33あるいは図6.34に示すように，このような3相正弦波と三角波を比較して，各相のPWM信号を発生する．このようなPWM制御方式は**正弦波三角波比較**方式と呼ばれる．この方法で最大電圧を出力している場合を図6.40に示す．図では正弦波の振幅が $E/2$ となり，最大点ではデューティ比が1に，最小点では0に

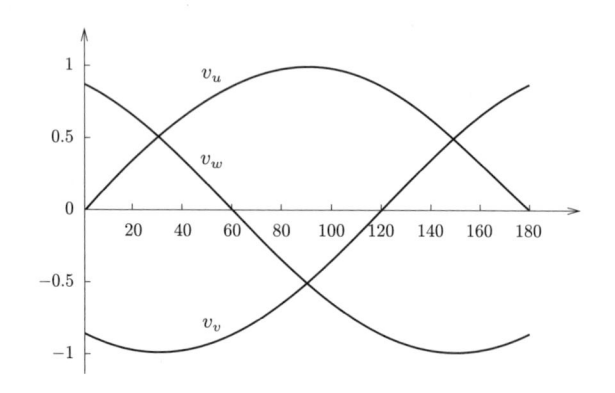

図6.40　3相交流電圧

なっている．この場合の線間最大電圧は$\sqrt{3}E/2$であるが，理論的には線間電圧は最大でEまで出力できるので，図6.40の波形ではインバータの能力を十分利用できていない．

図6.40の波形においては，基準電位Oに対する3相中性点電位$v_{o'}$は，常にゼロに保たれている．中性点電位$v_{o'}$が変動しても負荷の相電圧v'_u，v'_v，v'_wを正弦波にできれば，正確な正弦波電圧を負荷に供給することができる．この場合には，各相電圧v_u，v_v，v_wは正弦波とはならない．

電圧利用率を改善して理論最大電圧の出力を可能にした電圧波形を図6.41に示す．ここで，v'_u，v'_v，v'_wは，いま負荷の相電圧として与えたい正弦波電圧である．この場合には振幅が1を超えているので，図6.40のインバータの相電圧を正弦波とする方法では電圧飽和する状態である．$v_{\max} - 1$の波形は負荷相電圧の最大値から1を引いた波形である．$v_{o'} = v_{\max} - 1$となるように制御すると，各相のインバータ出力相電圧は$v_x = v'_x - v_{o'}$ $(x = u, v, w)$であるので，インバータ出力相電圧が電圧の上限を超えることはない．一方，負荷相電圧の最小値に1を加えた波形$v_{\min} + 1$を中性点電位$v_{o'}$とすると，インバータ出力相電圧が電圧の下限を超えることはない．したがって，$v_{\min} + 1 > v_{o'} > v_{\max} - 1$を満足する$v_{o'}$がすべての位相で存在するならば，その範囲内の任意の波形の$v_{o'}$を用いて，インバータの制御が可能である．

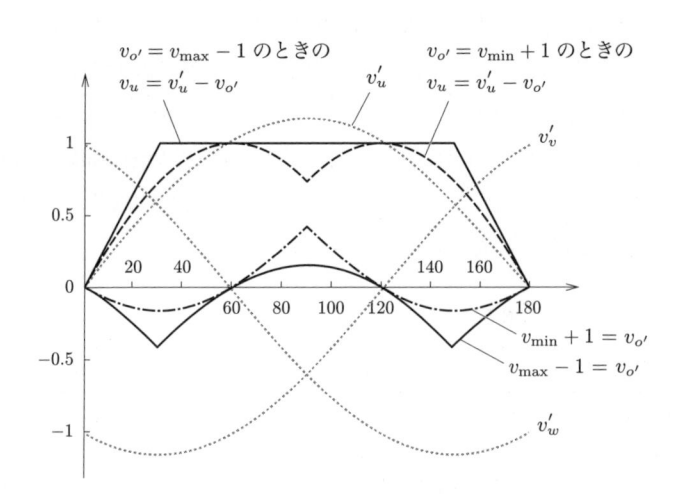

図6.41　電圧利用率の改善

この $v_{o'}$ の選び方により，さまざまなPWM制御法を分類することができる．図6.41を見ると，$v_{\max}-1$ と $v_{\min}+1$ の波形は基本波の3倍の周波数で変動している．$v_{o'}$ として $v_{\max}-1$ と $v_{\min}+1$ の間に存在する第三高調波を選択した制御法は，**三次高調波注入方式**に相当する．$v_{o'}$ として $v_{\max}-1$ か $v_{\min}+1$ のどちらかを常に選択した場合には，3相のうちどこか1相のデューティ比は0あるいは1となり，スイッチングを行う必要はない．結果として2相のみでPWM制御することになるので，このようなPWM制御法を**2相変調**と呼んでいる．$v_{o'}$ として $v_{\max}-1$ と $v_{\min}+1$ の平均値を用いる方法は，**空間ベクトル変調**に相当する．二つのゼロベクトルの時間比率を均等にすることは，平均値をとることに相当する．空間ベクトル変調はディジタル制御との相性が良く，また電圧利用率も高いため，よく利用されている．

前述したPWM変調方式の比較を表6.2に示す．これらの変調方式は三角波などのキャリア信号と比較して変調出力を発生させるため，**キャリアベース方式**とも呼ばれる．ここで紹介したすべての変調方式は，線間にキャリア周波数付近以下の低次高調波を含まない正弦波電圧を出力することができる．

表6.2の理論限界よりも大きい電圧指令を与えた場合には，もはや正弦波電圧を出力できず，電圧飽和により歪んで低次高調波を発生することとなる．しかし，このような場合においても出力電圧の基本波成分は理論限界の基本波出力電圧よりも大きいため，波形歪みにかかわらずより高い出力電圧が必要な場合には，このような領域も使用される場合がある．このような領域のことを**過変調領域**と呼んでいる．

さらに，電圧指令を無限大の大きさにしたとすると，各相電圧は180°の方形波電圧となり，線間電圧は120°の方形波となる．この場合の基本波線間電圧の最大値は，直流リンク電圧の $2\sqrt{3}/\pi$ 倍（$\fallingdotseq 1.10V_{DC}$）である．このような運転を**方形波運転**あるいは**ワンパルス運転**と呼んでいる．

表6.2 キャリアベース変調方式の比較

方式	$v_{o'}$	線間電圧最大値	変調相数
正弦波三角波比較	0	$\sqrt{3}V_{DC}/2$	3相
三次高調波注入方式	3倍周波数の正弦波	V_{DC}	3相
2相変調	$v_{\max}-1$ または $v_{\min}+1$	V_{DC}	2相
空間ベクトル変調	$v_{\max}-1$ と $v_{\min}+1$ の平均値	V_{DC}	3相

一方，キャリア信号を用いずにモータ電流を制御する瞬時値比較形PWMも用いられることがある．その代表的方法が**ヒステリシスコンパレータ方式**である．これは，各相の電流指令値と実際の電流をヒステリシスコンパレータで比較し，ゲート信号をその大小関係から直接決定する方法である．この方法は電流応答が速い反面，リプル電流が大きく，スイッチング周波数が変動するなどの欠点がある．

また，インバータのスイッチング周波数を出力基本波周波数に比べて十分に高くできない場合には，基本波周波数とスイッチング周波数の干渉によるビート現象が発生することがある．これを防止するために，あらかじめ計算されたスイッチングパターンを基本波周波数と同期して発生させる**同期PWM**方式が用いられる．この方式は，電車などでよく使用されている．

参考文献

[1] 小笠原悟司：小型・高出力，高効率が求められる移動体向けモータとその制御技術，日経エレクトロニクス，2007年7月4日号，日経BP．

[2] 特定用途指向型リラクタンストルク応用電動機の高性能化調査専門委員会編：特定用途指向型リラクタンストルク応用電動機の高性能化，電気学会技術報告，第920号，2003．

[3] インバータドライブハンドブック編集委員会編：インバータドライブハンドブック（第1編 第7章：交流電動機の解析法と制御法），日刊工業，1995．

[4] 応用面から見たリラクタンストルク応用電動機の開発動向調査専門委員会編：応用面からみたリラクタンストルク応用電動機の開発動向，電気学会技術報告，第833号，2001．

[5] 電気学会半導体電力変換システム調査専門委員会編：パワーエレクトロニクス回路，オーム社，2000．

索引

■ 英数字

120°通電方式　187
2自由度制御　106
2相変調　200
3相/2相変換　165
3相電圧形PWMインバータ　197
4象限運転　158
4輪インホイールモータ　101

AIL（Agent-In-the-Loop）　50
ARX（Auto-Regressive with eXogenous）モデル　39

BIL（Body-In-the-Loop）　50

Coffin-Manson則　13
compatibility　4

DC
　——/DCコンバータ　155
　——モータ　40, 159
DSP（Digital Signal Processor）　36

e-nuvo WHEEL　72
ECU（Engine Control Unit）　87, 95
EMC（Electro-MagneticCompatibility）　14

FIR（Finite Impulse Response）モデル　39

GPS（Global Positioning System）　93

IGBT（Insulated Gate Bipolar Transistor）　7
integrity　30

LQ（Linear Quadratic）最適レギュレータ　69

MATLAB　33, 36
MBC（Model-Based Control）　31, 53
MBD（Model-Based Development）　30, 31
MIL（Man-In-the-Loop）　28, 49
MIMO（Multi-Input, Multi-Output）システム　60

OCV（Open Circuit Voltage）　118, 128

PID（Proportional, Integral, and Derivative）制御　38
PWM（Pulse Width Modulation）
　——インバータ　155
　——制御　87, 191

RCスナバ回路　17

Simulink　36
SISO（Single-Input, Single-Output）システム　59
SOC（State-Of-Charge）　44, 45, 93, 147, 149
SOH（State-Of-Health）　44, 46, 93, 147, 149
SOP（State Of Power）　149
SPICE　36

■ あ

アーキテクチャ（概念）設計　2, 28
亜鉛空気電池　121
アッカーマンの方法　66, 78
アナリシス　53, 54
アノード反応　130
安定性　61

インテグラル型アーキテクチャ　6
インバータ　191

インホイールモータ　83, 100

永久磁石同期モータ　87, 159
泳動過程　134
エネルギー
　——変換効率　84
　——マネジメント　93
エントロピー項　137

大部屋方式　29
オブザーバ　66, 189
　——ゲイン　66

■か

界磁弱め制御　157
回生
　——運転　158
　——制動　82, 91
階層化　95
回転磁界　160
回転子座標　168
概念設計　2, 28
外部要求の複雑　5
開放電圧　118, 128
外乱オブザーバ　48, 106
カウエル型RCはしご回路　136
可観測
　——行列　62
　——性　61
可逆チョッパ　196
可制御
　——行列　62
　——性　61
カソード反応　130
ガソリンエンジン　81
活性化過電圧　132
過電圧　121, 128
過渡応答法　38
可変速比　157
過変調領域　200
カルマンフィルタ　71
カレンダ寿命　148

機械角　160
基底速度　156
機電一体実装　7
キネマティクス　48

ギブズエネルギー　137
キャリアベース方式　200
協調制御　95, 98
極配置法　66
金属空気電池　120

空間ベクトル
　——変調　177, 200
　——理論　164
クーロン
　——カウント法　150
　——効率　148
グレーボックスモデリング　33

限界拡散電流　133
健全度　44, 46
現代制御　34

降圧チョッパ　195
交換電流　130
公称モデル　33
構造
　——化　95
　——設計　54
固体高分子型燃料電池　117, 119
固定子座標　165
コモンモード
　——チョーク　17
　——ノイズ電流　16
コントローラのデザイン　53, 55

■さ

サイクル
　——寿命　148
　——疲労破壊　12
再構成制御　104
最小2乗法　39
最大トルク制御　181
座標変換　164
三角波正弦波比較方式　177
三次高調波注入方式　200
残量　45

シーケンス制御　86
思考経済原理　21
支持塩　137
システム
　——工学　29

——同定　32, 37
磁束座標　165
実装　53
シミュレータ　32
充電率　44, 45
受給可能電力　46
受動モデル　49
瞬時
　　——値比較形　201
　　——トルク　173
昇圧チョッパ　195
詳細モデル　32, 33
状態
　　——観測器　66
　　——空間表現　59
　　——推定器　151
　　——遷移図　95
　　——変数　58
シリーズ
　　——・パラレル型　88
　　——型　88
シンクロナスリラクタンスモータ　159

水素・酸素燃料電池　116
スイッチトリラクタンスモータ　159
スイッチング
　　——周波数　193
　　——損失　193
水和　120
数学モデル　37
ステア・バイ・ワイヤ　100
ストークス半径　134
スペクトル解析法　38
滑り角周波数　167
摺り合わせ　6, 30, 98, 100, 114

制御
　　——則　64
　　——理論　105
正弦波
　　——駆動方式　188
　　——三角波比較方式　198
　　——掃引法　38
製品外部の複雑度　3
絶縁ゲート型バイポーラトランジスタ　7
設計容量　46
折点角周波数　63

線形
　　——化　58
　　——微分方程式　58
センサレスドライブ　186

相関法　38
走行抵抗　22
相当歪　13
速度起電力　166
ソフトセンサ　67

■た

ターンオフ損失　193
ターンオン損失　193
第1種/第2種過誤　20
第一原理モデリング　31, 40, 57
ダイナミカルシステム　57
ダイナミクス　48
ダイナミックアバランシェ特性　15
タイヤモデル　107

逐次状態記録法　149
チップ温度モニタ　12
中性点電位　199
調整　56
チョッパ回路　191

抵抗過電圧　134
定出力領域　157
定トルク領域　157
適応
　　——カルマンフィルタ　151
　　——性　28
デッドタイム　196
デバイ長　129
デューティ比　192
電圧利用率　199
電荷移動過程　132
電気
　　——化学キャパシタ　123
　　——化学ポテンシャル　128
　　——角　160
　　——自動車　162
　　——的中性の原理　129
　　——二重層キャパシタ　123
電磁的調和　5, 13
伝達関数　58
　　——モデル　38

電流制御形電力変換器　176

同期
　　　——PWM方式　201
　　　——サンプリング　193
導通損失　193
倒立振子　56
特性方程式　61
トルク密度　154
トレードオフ　69

■ な

内部構造の複雑度　3, 4

二次
　　　——系　58, 65
　　　——電池　125
ニッケル-金属水素化物二次電池　143
ニュートンの運動方程式　57

熱減磁　163
熱的調和　4, 9
ネルンスト拡散層近似　136
燃料電池　116

能動モデル　49
濃度過電圧　132, 133
ノンパラメトリックモデル　38

■ は

ハイブリッド電気自動車　87, 162
バッテリーマネジメント　147
バトラー・フォルマー（Butler-Volmer）の式　132
パラメトリックモデル　38
パラレル型　88
パワー
　　　——マネジメント　91
　　　——密度　154
　　　——モジュール　7
バンド幅　63
ヒステリシスコンパレータ方式　177, 201
非線形微分方程式　58
非ファラデーインピーダンス　135
評価関数　69
表皮効果　15

ファラデーインピーダンス　135
フェーザ表示　166
フォスタ型RCはしご回路　137
複合工学　20
複素インピーダンス軌跡　134
不確かさ　34
物質移動過程　132, 133
物理モデリング　32
部分空間法　39
ブラシ・整流子　158
ブラシレスDCモータ　188
ブラックボックスモデリング　32
分極　128

閉ループ極　64
ベクトル制御　172
ヘルムホルツ層　123

ボイケルプロット法　140
方形波運転　200
放熱グリース　11
ボード線図　134
保守　56
補助変数法　39
ボルツマン因子　132
ホワイトボックスモデリング　32

■ ま

マグネットトルク　170
満充電容量　45

メカニカル充電　23

モータ　153
モード　63
モービルパワーエレクトロニクス　2, 26
モジュール
　　　——化　95
　　　——型アーキテクチャ　5
モデリング　20, 30, 53, 54
モデル　21, 30, 44, 114, 189
　　　——ベース　53
　　　——ベース開発　30
　　　——ベース制御　21, 31, 53, 110

■ や

有限長ワールブルグインピーダンス　136

誘電緩和時間　129, 137
誘導モータ　159

溶媒和　134
　——リチウムイオン　127, 132
予測誤差法　39

■ ら

ラグランジュ力学　61
ラゴーニプロット　115, 116, 141
ラプラス変換　42, 58

リカッチ方程式　69
力行運転　158
リザーブ型二次電池　125

リチウム
　——イオン二次電池　44, 144
　——空気電池　121
リラクタンストルク　170

冷却システム　9
レギュレータ　56

ロッキングチェア型二次電池　126
ロバスト
　——性　28, 84
　——制御　35

■ わ

ワンパルス運転　200

＜編著者紹介＞

廣田 幸嗣（ひろた ゆきつぐ）

- 学 歴　東京大学工学系研究科電子工学専攻修士課程修了（1971年）
- 職 歴　日産自動車(株)（1971年～2000年）
  　　　　　ニューヨーク駐在員事務所（1979年～1982年）
  　　　　　総合研究所 電子情報研究所 所長（1992年～1999年）
  　　　　　総合研究所 研究推進部 部長（1999年～2000年）
  　　　　カルソニックカンセイ(株)（2000年～）
- 現 在　カルソニックカンセイ(株)テクノロジオフィサ

足立 修一（あだち しゅういち）

- 学 歴　慶應義塾大学大学院工学研究科博士課程修了，工学博士（1986年）
- 職 歴　(株)東芝総合研究所（1986～1990年）
  　　　　宇都宮大学工学部電気電子工学科 助教授（1990年），教授（2002年）
  　　　　航空宇宙技術研究所 客員研究官（1993年～1996年）
  　　　　ケンブリッジ大学工学部 客員研究員（2003年～2004年）
- 現 在　慶應義塾大学理工学部物理情報工学科 教授（2006年）

＜著者紹介＞

小笠原 悟司（おがさわら さとし）

- 学 歴　長岡技術科学大学大学院工学研究科電気・電子システム工学専攻修士課程修了（1983年），工学博士（1990年）
- 職 歴　長岡技術科学大学工学部電気系 助手（1983年）
  　　　　岡山大学工学部電気電子工学科 助手（1992年），助教授（1993年）
  　　　　宇都宮大学工学部電気電子工学科 教授（2003年）
- 現 在　北海道大学大学院情報科学研究科システム情報科学専攻 教授（2007年）

出口 欣高（でぐち よしたか）

- 学 歴　東京大学大学院工学系研究科電気工学専攻修士課程修了（1992年）
- 職 歴　日産自動車株式会社 総合研究所（1992年）
- 現 在　日産自動車株式会社 総合研究所 主任研究員（2005年）

電気自動車の制御システム　電池・モータ・エコ技術

2009年　6月10日　第1版1刷発行　　ISBN 978-4-501-41830-4　C3053
2011年　2月20日　第1版3刷発行

編著者　廣田幸嗣・足立修一
著　者　小笠原悟司・出口欣高
　　　　© Hirota Yukitsugu, Adachi Shuichi, Ogasawara Satoshi,
　　　　Deguchi Yoshitaka 2009

発行所　学校法人 東京電機大学　〒101-8457　東京都千代田区神田錦町2-2
　　　　東京電機大学出版局　　Tel. 03-5280-3433（営業）03-5280-3422（編集）
　　　　　　　　　　　　　　　Fax. 03-5280-3563　振替口座 00160-5-71715
　　　　　　　　　　　　　　　http://www.tdupress.jp/

JCOPY　<(社)出版者著作権管理機構 委託出版物>
本書の全部または一部を無断で複写複製（コピー）することは、著作権法上での
例外を除き禁じられています。本書からの複写を希望される場合は、そのつど
事前に、(社)出版者著作権管理機構の許諾を得てください。
［連絡先］Tel. 03-3513-6969, Fax. 03-3513-6979, E-mail: info@jcopy.or.jp

制作:(株)グラベルロード　印刷:新灯印刷(株)　製本:渡辺製本(株)　装丁:鎌田正志
落丁・乱丁本はお取り替えいたします。　　　　　　　　Printed in Japan

自動車関連図書

自動車工学
樋口健治 監修・自動車工学編集委員会 編
A5判 198頁
エンジン／トランスミッション／車体・タイヤ／サスペンション・ステアリング／運動性能／操縦性・安定性／自動車の人間工学／オートバイ

基礎 自動車工学
野崎博路 著
A5判 200頁
タイヤの力学／操縦性・安定性／乗り心地・振動／制動性能／走行抵抗と動力性能／新しい自動車技術／人―自動車系の運動

自動車の運動と制御
車両運動力学の理論形成応用
安部正人 著
A5判 276頁
車両の運動とその制御／タイヤの力学／外乱・操舵系・車体のロールと車両の運動／駆動や制動を伴う車両の運動／運動のアクティブ制御

自動車の走行性能と試験法
茄子川捷久・宮下義孝・汐川満則 著
A5判 276頁
概論／自動車の性能／性能試験法／法規一般／自動車走行性能に関する用語解説

サスチューニングの理論と実際
野崎博路 著
A5判 212頁
ホイールアライメント／サスペンションジオメトリー／限界コントロール性と車両の各種試験装置／フォーミュラカーの旋回限界時の車両運動性

自動車エンジン工学 第2版
村山正・常本秀幸 著
A5判 256頁
歴史／サイクル計算・出力／燃料・燃焼／火花点火機関／ディーゼル機関／大気汚染／シリンダー内のガス交換／冷却／潤滑／内燃機関の機械力学

自動車用タイヤの基礎と実際
株式会社ブリヂストン 編
A5判 410頁
タイヤの概要／タイヤの種類と特徴／タイヤ力学の基礎／タイヤの特性／タイヤの構成材料／タイヤの設計／タイヤの現状と将来

初めて学ぶ 基礎 エンジン工学
長山勲 著
A5判 288頁
概説・基本的原理・構造と機能／エンジンの実用性／環境問題と対策／センサとアクチュエータ／エンジン用油脂／特殊エンジン／計測法

機械強度設計のための CAE入門　有限要素法活用のノウハウ
栗山好夫・笹川宏之 著
A5判 210頁
機械システムの強度保証／有限要素法の概要／有限要素法を用いた機械設計法／有限要素法による開発法と検証実験

自動車材料入門
高行男 著
A5判 192頁
総論／金属材料の基礎／金属材料・鉄鋼／非鉄金属材料／非金属・有機材料／非金属材料・無機材料／複合材料

＊ 定価，図書目録のお問い合わせ・ご要望は出版局までお願いいたします。
URL　http://www.tdupress.jp/